(d)

(d)

Band 318

OutdoorHandbuch

Marie-Luise und Dieter Großelohmann

Ratgeber rund um den Wohnwagen

Ratgeber rund um den

Alle Informationen, schriftlich und zeichnerisch, wurden nach bestem Wissen zusammengestellt und überprüft. Sie waren korrekt zum Zeitpunkt der Recherche. Eine Garantie für den Inhalt, z. B. die immerwährende Richtigkeit von Preisen, Adressen, Telefonnummern sowie Internetadressen, Zeit- und sonstigen Angaben, kann naturgemäß von Verlag und Autoren - auch im Sinne der Produkthaftung - nicht übernommen werden.

Die Autoren und der Verlag sind für Lesertipps und Verbesserungen (besonders per E-Mail) unter Angabe der Auflagen- und Seitennummer dankbar.

Dieses OutdoorHandbuch hat 160 Seiten mit 87 farbigen Fotos und Illustrationen. Es wurde auf chlorfrei gebleichtem, FSC®-zertifiziertem Papier gedruckt, in Deutschland klimaneutral hergestellt und transportiert und wegen der größeren Strapazierfähigkeit mit PUR-Kleber gebunden.

FSC
www.fsc.org
MIX
Papier aus verantwortungsvollen Quellen
FSC® C009051

Klimaneutral
Druckprodukt
ClimatePartner.com/10951-2103-1018

Dieses Buch ist im Buchhandel und in Outdoor-Läden erhältlich und kann im Internet oder direkt beim Verlag bestellt werden.

OutdoorHandbuch aus der Reihe „Basiswissen für draußen“, Band 318

ISBN 978-3-86686-524-2 4., überarbeitete Auflage 2021

Text: Marie-Luise und Dieter Großelohmann
Fotos: falls nicht anders angegeben: Dieter Großelohmann (dg), Dethleffs (d)
Lektorat: Amrei Risse
Layout: Alexandra Sauerland

Gesamtherstellung: gutenberg beuys feindruckerei

Dieses OutdoorHandbuch wurde konzipiert und redaktionell erstellt vom:

Conrad Stein Verlag GmbH,
Kiefernstr. 6, 59514 Welver, ☏ 023 84/96 39 12,
info@conrad-stein-verlag.de,
www.conrad-stein-verlag.de

Besuchen Sie uns bei Facebook & Instagram:

www.facebook.com/outdoorverlag

www.instagram.com/outdoorverlag

Titelfoto und Buchrückseite: (d)

Inhalt

Vorwort

Sie überlegen, sich einen Wohnwagen zu kaufen? Und dazu noch Ihren ersten? Dann wird Ihnen dieses Buch mit vielen Tipps bei der Entscheidung für das „richtige" Modell helfen. Wir geben außerdem Hinweise für nützliches Zubehör und eine sinnvolle Ausstattung des Innenraums, stellen Ihnen die möglichen technischen Spielereien vor und versorgen Sie mit vielen Ideen, die Energie und Wasser sparen. Unsere „kleine Fahrschule" hilft Ihnen, im nächsten Urlaub auch in schwierigen Situationen sicher unterwegs zu sein. Auch „alte Hasen" werden in dem Buch den ein oder anderen guten Tipp finden.

Weniger angesprochen sind **Dauercamperinnen** und **Dauercamper**, für die viele der hier angesprochenen Themen nicht relevant sind. Ebenso geben wir keine umfassenden Anleitungen für den **Selbstausbau**. An einige Dinge, die wir beschreiben, wie z. B. das Verdrahten des Steckers fürs Auto, sollten sich nur halbwegs versierte **Heimwerkerinnen** und **Heimwerker** wagen. Alle anderen suchen sich bitte eine kundige Hilfe.

Starten wir mit ein klein wenig Geschichte: Wohnwagen, auch Caravans genannt, sind keine neue Erfindung. Und auch in Holland wurden sie nicht erfunden – es waren die Engländerinnen und Engländer, die als Erste mit zum Teil von Pferden gezogenen, luxuriös eingerichteten Wagen in den Urlaub zogen. Das deutsche Pendant „erfand" Arist Dethleffs 1931 auf Wunsch seiner Frau, die ihn auf seinen Geschäftsreisen begleiten wollte. Aber einfache Unterkünfte auf Rädern, wie zum Beispiel Schäferwagen, oder die Planwagen der Auswanderinnen und Auswanderer in Amerika, gab es auch schon wesentlich früher.

Wer intensiver in die Geschichte eintauchen möchte, dem sei ein Besuch des Erwin Hymer Museums in Bad Waldsee ans Herz gelegt. Vielleicht schauen Sie bei Ihrer nächsten Fahrt in den Süden mal dort hinein. Auf 6.000 m^2 Ausstellungsfläche stehen etwa 80 historische Fahrzeuge aus aller Welt – Caravans, Reisemobile, Campingbusse, Autos, Motorräder –, vom Anfang des mobilen Reisens bis heute. Darunter finden Sie skurrile

Modelle, z. B. mit einem absenkbaren Fußboden für Stehhöhe oder auseinanderziehbar (ein frühes Slide-out). Selbstbaufahrzeuge sind genauso dabei wie Wagen vom Band. Teilweise handelt es sich um komplette historische Gespanne. Auch Wohnmobile und eine Ausstellung zur Entwicklung der Technik können bestaunt werden. In einem Computerspiel können Sie herausfinden, ob auch Sie Talent zum Wohnwagenbauen haben. Das Museumsrestaurant „Caravano" bietet sich mit Speisen aus aller Welt und durchgängig warmer Küche für eine abschließende Stärkung an. Bringen Sie in jedem Fall genug Zeit mit!

Die Alpenpassroute im Erwin-Hymer-Museum (Erwin-Hymer-Museum)

♦ **Erwin Hymer Museum**, Robert-Bosch-Str. 7, 88339 Bad Waldsee, ☏ 075 24/97 06 60 76-00, 💻 www.erwin-hymer-museum.de, ✉ info@erwin-hymer-museum.de, Erwachsene € 11,50, unter 18 Jahren frei, 🚪 tägl. außer 24. und 31.12. 10:00 bis 18:00, Do bis 21:00

Zwei Gedanken vorweg

In Deutschland darf auch ein angemeldeter Wohnwagen abgekuppelt nicht länger als 14 Tage ununterbrochen (eine halbe Stunde wegzufahren gilt nicht als Unterbrechung) an einer öffentlichen Straße oder auf einem öffentlichen Parkplatz parken. Sie benötigen also in jedem Fall einen Stellplatz. Wenn Sie kein Haus mit passendem Grundstück besitzen (das wäre ideal, hier können Sie den Wohnwagen sogar als Gästezimmer nutzen), müssen Sie jemanden finden, bei dem Sie den Wagen in der Zeit, in der Sie ihn nicht benutzen, unterstellen können. Ideal ist z. B. eine Scheune oder ein Unterstellplatz auf einem Bauernhof. Das gilt verstärkt, wenn Sie nur eine Saisonzulassung nutzen möchten. Ohne Zulassung darf der Wagen überhaupt nicht auf öffentlichen Plätzen abgestellt werden.

Personen, die ihren Führerschein (Klasse B) nach dem 1.1.1999 gemacht haben, dürfen nur **Anhänger** bis 750 kg ziehen. Einzige Ausnahme: Anhänger über 750 kg dürfen dann gezogen werden, wenn die zulässige Gesamtmasse des Anhängers **nicht größer** ist als die Leermasse des Kraftwagens **und** die Summe der zulässigen Gesamtmassen von Zugfahrzeug und Anhänger **nicht größer** ist als 3,5 t. Seit dem 1.1.2013 können Sie das mit einer zusätzlichen Schulung (Führerschein B96) auf 4,25 t erhöhen. Denken Sie daran und machen Sie, falls nötig, noch rechtzeitig vor Ihrem Urlaub einen Anhängerführerschein.

Danke

sagen wir allen Leuten, die uns unsere Fragen geduldig beantwortet haben, insbesondere Helge Vester von Dethleffs, der uns auch Fotos und Grundrissskizzen zur Verfügung stellte, Hans Posthumus von AL-KO für die vielen Infos zu Fahrwerk und Federung, Kai Feyerabend von Büttner Elektronik für alles über Strom und Batterien, Karl Hansmann von Oase für die vielen Infos rund um Vorzelte, Tische und Stühle, Stephan Baumeister von Reich für alles rund um Regel- und Sicherheitstechnik und Sibylle Kloos vom Erwin Hymer Museum. Ganz besonders aber bedanken wir uns bei unserer Lektorin Amrei, die sich an die vielen Wohnwagenurlaube mit ihrer Familie erinnerte und uns noch auf einige Themen aufmerksam machte, die wir schlicht vergessen hatten.

Die Kaufentscheidung

(dg)

Wohnwagen oder Wohnmobil?

Auch wenn dies ein Ratgeber für Wohnwagen ist: Die meisten Leute ziehen ein Wohnmobil zumindest auch in Betracht, darum führen wir die Vor- und Nachteile von beiden kurz an.

Wohnwagen

Vorteile:

- ▷ Sie haben immer den Pkw für Ausflüge dabei und können den Wohnwagen am Übernachtungsplatz stehen lassen.
- ▷ Im Wohnwagen selbst ist mehr Platz als in gerade noch handlichen Wohnmobilen.
- ▷ Die Kosten für Anschaffung und Steuern/Versicherung sind für Wohnwagen um einiges günstiger.
- ▷ Sie brauchen keinen zusätzlichen Zweitwagen, weil das Zugfahrzeug Ihnen auch zu Hause zur Verfügung steht.

Auch ein Wohnmobil hat natürlich Vorteile (d)

Nachteile:

- ▷ Sie benötigen für die Zeit, in der Sie den Wohnwagen nicht nutzen, einen Stellplatz, der bei Anmietung natürlich auch mit Kosten verbunden ist.
- ▷ Ein langes Gespann ist schwieriger zu fahren.
- ▷ Sie benötigen in den meisten Fällen einen Anhängerführerschein.
- ▷ Selten sind Sie im Wohnwagen ganz genauso autark wie im Wohnmobil. Wohnwagen haben fast immer nur einen kleinen Frischwassertank und selten einen fest eingebauten Abwassertank.

Wohnmobile

Vorteile:

- ▷ Sie sind leichter zu fahren als ein Gespann.
- ▷ Sie benötigen, wenn Sie alle paar Tage den Stellplatz wechseln oder eine Solaranlage haben, zum Übernachten keinen Campingplatz.
- ▷ Bis 3,5 t genügt der normale Pkw-Führerschein. Wenn Sie Ihren Führerschein vor dem 1.1.1999 gemacht haben, dürfen Sie damit auch Wohnmobile bis 7,5 t fahren.
- ▷ Der Wagen steht Ihnen (außer wenn er Saisonkennzeichen hat) das ganze Jahr über zur Verfügung und ist schnell einsetzbar, um z. B. bei Städtetouren darin zu übernachten. (Fast alle Städte haben inzwischen Stellplätze.)

Nachteile:

- ▷ Die Anschaffungskosten sind sehr viel höher als beim Wohnwagen (etwa zwischen € 40.000 und 100.000 für kleine bis mittelgroße Neuwagen).
- ▷ Steuern und Versicherung kosten viel mehr.
- ▷ Im Wohnmobil geht es üblicherweise enger zu als im Wohnwagen.
- ▷ Wenn es sich nicht nur um einen ausgebauten Transporter handelt, benötigen Sie ggf. zusätzlich einen Pkw.

Neu oder gebraucht?

Einen neuen Wohnwagen zu kaufen, hat natürlich einige Vorteile: Alle Einbauten und Geräte sind auf dem neuesten Stand und im besten Zustand, Sie können die Ausstattung, die Farbe der Polster etc. selbst aussuchen und haben zwei Jahre Garantie. Außerdem bekommen Sie bei einem Neuwagen üblicherweise zusätzlich zur „normalen“ Garantie noch fünf Jahre Dichtigkeitsgarantie, wenn Sie jährlich zur Überprüfung fahren. Wenn Ihnen diese Dinge nicht so wichtig sind und/oder Ihr Budget eher klein ist, ist ein gut gepflegter gebrauchter Wohnwagen eine gute und vor allem preisgünstigere Alternative (☞ Kosten).

Soll es also ein gebrauchter Caravan werden, sollten Sie ihn entweder im Fachhandel kaufen und sich z. B. eine Garantie geben lassen, dass der Wagen dicht ist, oder bei einem Privatkauf jemanden mitnehmen, der sich auskennt, bzw. darauf bestehen, dass vor dem Verkauf eine Dichtigkeitskontrolle vorgenommen wird, denn Feuchtigkeit in Dach, Wand und/oder Boden ist einer der Hauptmängel bei Wohnwagen. Eine weiche, auf Druck nachgebende Seitenwand ist oft ein Indiz für Feuchtigkeit, muffiger Geruch sollte Sie ebenso skeptisch machen.

Heben Sie, falls vorhanden, auch die Teppiche an und schauen Sie, was sich darunter verbirgt. Die Schränke und Sitzmöbel sollten hinterlüftet sein, damit es nicht zu Schwitzwasserbildung kommen kann.

Mit dem Wohnwagen in Skandinavien (dg)

Beachten Sie bei gebrauchten Wohnwagen – vor allem beim Kauf über das Internet – außerdem, dass die Erstzulassung des Wagens nicht auch das Baujahr sein muss. Viele der angebotenen Wagen haben jahrelang ohne Zulassung auf einem Campingplatz gestanden, bevor sie erstmals am Straßenverkehr teilnahmen. Das Baujahr ist bei vielen günstigen Fahrzeugen überhaupt nicht angegeben.

Das Zugfahrzeug

Beginnen wir mit Ihrem Zugfahrzeug. Wenn Sie ohnehin ein neues kaufen möchten und Geld keine große Rolle spielt, können Sie auch mit der Wahl des Wohnwagens beginnen. Wahrscheinlich werden Sie jedoch, wie die meisten künftigen Wohnwagenbesitzerinnen und Besitzer, Ihren vorhandenen Pkw nutzen wollen. Dieser benötigt dann in jedem Fall eine Anhängerkupplung und zusätzliche Außenspiegel, wenn der Wohnwagen breiter ist als das Zugfahrzeug, was bei fast allen Pkw der Fall sein dürfte.

Besonderheiten E-Auto

Wer mit dem Gedanken spielt, sich ein E-Auto anzuschaffen, sollte unbedingt vorher einen Blick auf die Anhängelasten werfen. Diese sind – im Vergleich zu einem Verbrenner – erheblich niedriger. So darf der neue ID4 von VW lediglich 1.200 kg ziehen, der etwa gleich große Touareg dagegen 3.500 kg. Der vollelektrische XC40 von Volvo darf immerhin schon 1.500 kg ziehen, was aber auch noch 600 kg weniger sind als bei einem vergleichbaren XC40 mit Verbrennungsmotor. Bei Tesla hat man das Thema zu Beginn komplett verdrängt. Inzwischen kann man aber auch ab Werk eine Anhängerkupplung ordern. (Beim Modell X ist diese sogar serienmäßig verbaut.) Die Anhängelast hängt hier aber stark vom Ausstattungspaket ab. Das kleinste Paket des Modells 3 in der Basisvariante beginnt bei 500 kg (gebremst), in der Standardvariante sind es 910 kg (gebremst). Beim größeren Modell X sind es schon ordentliche 2.250 kg und beim Modell Y spielt die Reifengröße noch eine Rolle. Bei 20“ sind es 1.043 kg und bei 19“ und 21“ immerhin schon 1.588 kg.

Bei Audi und Mercedes dürfen die großen SUV immerhin schon 1.800 kg ziehen. Für die elektrischen der Mercedes S-Klasse, BMW 2er und Porsche Panamera wird hingegen gar keine AHK ab Werk angeboten.

Es gibt allerdings spezialisierte Firmen, die Ihnen eventuell eine AHK unterbauen können. Diese haben zum Teil auch höhere Anhängelasten als die Originale vom Werk. Schauen Sie bei Interesse einmal bei 💻 www.kupplung-vor-ort.com oder 💻 www.misterdotcom.de nach.

Neben dem Problem der geringeren Anhängelast ist natürlich auch der höhere Stromverbrauch mit Wohnwagen zu berücksichtigen. Hier geht die Reichweite deutlich herunter und man wird manche Pause neben der Schnellladesäule verbringen müssen. Dafür hat man aber auch immer Strom dabei. Die meisten E-Autos haben eine 230-Volt-Steckdose an Bord.

Auf den meisten Campingplätzen wird man keine Möglichkeit haben, sein Auto aufzuladen. Das Stromnetz auf dem Platz ist dafür nicht ausgelegt und die wenigsten Plätze stellen sich eine Schnellladesäule für € 80.000 vor die Tür.

Alternativ könnte man auf ein Hybridfahrzeug ausweichen. So kann man als Verbrenner in den Urlaub und zurück fahren und am Urlaubsort als Stromer unterwegs sein (wenn man denn eine Ladestation findet). Allerdings verbrauchen diese Autos relativ viel Sprit und der Tank ist meistens nicht der größte.

Gewicht, Länge und Breite

Ein Blick in die Papiere Ihres Zugfahrzeugs und auf die dort eingetragene Anhängelast gibt Ihnen schon einen ersten Anhaltspunkt, welche Modelle für Sie infrage kommen und welche nicht. Da eigentlich alle Wohnwagen zu wenig Zuladung aufweisen, denken Sie auch gleich an eine eventuelle Auflastung, also eine Erhöhung des zulässigen Gesamtgewichts, die Sie beantragen können. Möchten Sie auch in die Berge, sollten Sie sich lieber nicht bis ans allerletzte Gewichtslimit begeben. Damit Sie eine ungefähre Vorstellung von der benötigten Zuladung haben, hier eine Liste aller Dinge, die Sie im Wohnwagen transportieren werden/müssen (Beispiel für drei Personen).

- ▷ pro Mitfahrer persönliches Gepäck (Bettzeug, Kleidung, Bücher, Spiele, Sportgeräte usw.) 3 x ca. 20 kg = ca. 60 kg
- ▷ Haushaltsgegenstände und erste „Ladung“ Lebensmittel und Getränke ca. 20 kg
- ▷ 1-2 gefüllte 11-kg-Stahl-Gasflaschen (je nach Ziel) 1-2 x ca. 23 kg = ca. 23-46 kg

▷	Markise 3,5 m Länge	ca. 25 kg
▷	Sat-Schüssel mittlere Größe	ca. 10 kg
▷	Fernseher je nach Größe samt Halterung	ca. 4-6 kg
▷	Klappstuhl p. P. (evtl. im Zugfahrzeug)	3 x ca. 5 kg = ca. 15 kg
▷	Tisch für 3 Personen (evtl. im Zugfahrzeug)	ca. 10 kg
▷	„Kleinteile" wie Wasserschlauch, Abwassertank, Stromkabel …	ca. 5 kg
▷	mobiles Vorzelt (evtl. im Zugfahrzeug)	ca. 15 bis 25 kg

Sie sehen: Ganz leicht kommen 200 kg zusammen und noch ist z. B. kein Tropfen Wasser im Tank. Je nachdem mit welchem Zugfahrzeug Sie unterwegs sind, können Sie natürlich während der Fahrt auch dort einiges unterbringen, was nicht fest angebaut ist.

Praktisch ist es, wenn Sie auf dem Wagendach noch leichte Ausrüstungsgegenstände wie z. B. einen Surfmast oder Angelruten befestigen können. Auch können Sie für leichtere Gegenstände noch Dachboxen auf dem Dach befestigen (wenn Sie zwischen den Dachfenstern, dem Heizungsabluftkamin und der Sat-Schüssel noch genügend Platz finden). Auch in Ihrem Pkw können Sie mit einer Dachbox mehr transportieren.

☹ Einige Hersteller bieten tatsächlich Wohnwagen mit nur gut 100 kg Zuladung an, da können Sie zu viert nicht mehr als Ihr persönliches Gepäck mitnehmen!

Wenn Sie zu der wachsenden Gruppe von Wohnwagenfahrern gehören, die alle zwei bis drei Tage ihren Stellplatz wechseln und für die vielleicht die schottischen Highlands oder Skandinavien die bevorzugten Reisegebiete sind, sollten Sie darauf achten, dass das Gespann nicht zu lang und damit unhandlich ist. Die kleinsten Wohnwagen haben mit Deichsel schon eine Länge von etwa 5 m, die größten sind bis zu 12 m lang!

In diesem Zusammenhang spielen natürlich auch die Breite und die Höhe des Wagens eine große Rolle. Die heute üblichen Wohnwagen haben Breiten von etwa 1,85 bis 2,50 m. Mit 2,50 m breiten Wagen darf man aber einige Straßen in Europa nicht benutzen und als handlich kann man sie auch nicht mehr bezeichnen. Bei einem 1,85 m breiten Caravan hingegen lassen sich innen nicht mehr viele Grundrisse realisieren.

Wohnwagen werden in verschiedenen Modellreihen angeboten (d)

Die größte Auswahl haben Sie ohnehin bei den etwa 2,10 bis 2,30 m breiten Wagen. Inzwischen haben viele Hersteller auf den Wunsch nach Flexibilität reagiert und eine separate Baureihe für mobiles Reisen im Programm.

Es gibt auch Wohnwagen, die ein Hubdach haben (bekannt und berühmt mit Kultcharakter der Eriba). So passen sie zum Beispiel, falls sie nicht zu lang sind, in eine Garage, und der Windwiderstand beim Fahren ist nicht so hoch. Bedenken Sie aber, falls Sie mit so einem Modell liebäugeln, dass die Türen hier ziemlich niedrig sind. Sie und Ihre Gäste werden sich vermutlich beim Ein- und Aussteigen häufiger den Kopf stoßen.

Über die Innenhöhe der normalen Wohnwagen müssen Sie sich als durchschnittlich großer Mensch dagegen keine Gedanken machen: Sie beträgt in der Regel mindestens 1,95 m. Nur bei den ganz kleinen Wohnwagen müssen Sie eventuell den Kopf einziehen. Die Außenhöhe liegt bei ca. 2,50 m.

Egal wie groß, wie hoch oder wie lang: Während der Fahrt dürfen sich weder Personen noch Haustiere im Wohnwagen aufhalten!

Generell haben die Wohnwagenhersteller immer mehrere Modellreihen im Angebot, die sich vor allem in Design und Ausstattung unterscheiden, aber oft identische Grundrisse haben. Allerdings findet man bei den Luxusmodellen natürlich keine Wagen mehr, bei denen man die Sitzgruppe zum Bett umbauen muss. (Manchmal ist dies gar nicht mehr möglich, so kann man auch keine Gäste mehr beherbergen.) Preiswertere Modelle haben z. B. keine Auszüge, sondern nur Türen in der Küche, keine hochwertigen Scharniere aus Metall, sondern günstige aus Kunststoff. Teure Reihen punkten mit guten Matratzen, hochwertigen Polstern, einer größeren Auswahl an Möbeldekoren und Polsterstoffen, indirekter Beleuchtung, Glasvitrinen, besserer technischer Ausstattung etc.

Personenzahl

In den Etagenbetten ist viel Platz für die Kinder (d)

Das zulässige Gesamtgewicht und die praktischste Länge und Breite haben wir bereits festgelegt. Das nächste wichtige Kriterium für die Größe ist die Anzahl der Personen, die die nächsten Jahre mit Ihnen im Wohnwagen unterwegs sein wird. In diesem Zusammenhang spielt auch die gewünschte Art des Reisens eine Rolle. Fahren Sie „nur“ zu Ihrem Campingplatz in die Lüneburger Heide, ins Sauerland oder nach Italien, um sich bei schönstem Wetter dort für die nächsten Wochen

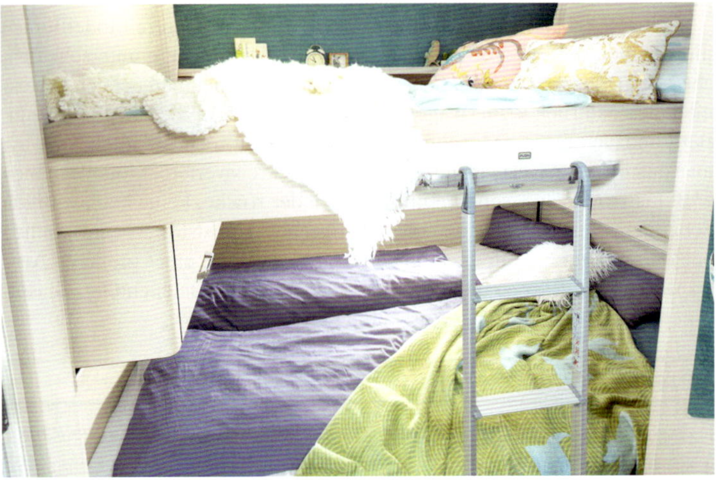

Abgesenktes Hubbett (d)

niederzulassen, ist es vielleicht akzeptabel, die Sitzgruppe für die Kinder zum Bett umzubauen, weil Sie sicher Ihre Campingmöbel im Vorzelt haben und dort sitzen können, wenn die Kids schon schlafen. Wenn Sie jedoch ohne Vorzelt reisen und auch mal mit Regentagen rechnen müssen, sollten Sie nicht nur sich selbst, sondern auch Ihrem Nachwuchs ein eigenes festes Bett gönnen. Dasselbe gilt, wenn Sie jeden oder jeden zweiten Tag Ihren Standort wechseln, um z. B. Frankreich zu umrunden, oder flexibel sein möchten, um Regenwetter ausweichen zu können.

Neben dem üblichen Etagenbett, das auch mit drei Etagen angeboten wird (achten Sie darauf, dass die Liegeflächen nicht zu kurz sind, auch Ihre Kinder werden größer), gibt es seit einiger Zeit von einigen Herstellern auch Aufstelldächer, die während der Fahrt ähnlich einem Dachzelt zusammengeklappt werden. Sie sorgen dafür, dass Ihr Wunschwagen nicht zu lang wird und trotzdem zwei feste Schlafplätze (wenn Sie nur zu zweit und mit möglichst kleinem Wohnanhänger reisen möchten) oder Ihrem Nachwuchs eigene Schlafmöglichkeiten bietet. Im Gegensatz zu einem Dachzelt erreicht man das Bett über eine Leiter aus dem Inneren des Wagens. Der Aufpreis beträgt um die € 4.000. Sie müssen ein zusätzliches Gewicht von 120 kg einplanen.

Einige Hersteller bieten inzwischen auch ein Hubbett über der Sitzgruppe an. Es wird zusammen mit den in diesem Fall ziemlich kleinen Hängeschränken auf die Sitzgruppe heruntergelassen, manchmal bis auf die Sitzfläche, manchmal bis auf Höhe der Rückenlehne. Wenn Sie keine zweite Sitzgruppe haben oder wegen schlechten Wetters nicht draußen sitzen können, müssen Sie allerdings immer gleichzeitig ins Bett gehen.

Natürlich können Sie Kinder ab einem gewissen Alter auch in einem separaten Zelt außerhalb des Wohnwagens schlafen lassen.

Grundriss

Begeben wir uns nun auf die Suche nach dem geeigneten Grundriss. Die gewählte Wagenbreite hat natürlich auch eine Auswirkung auf die Geräumigkeit im Wagen – bei 2,50 m, die allerdings meist in den gehobenen Kategorien zu finden sind, kommt bei keinem Grundriss ein Gefühl der Enge auf, bei 2 bis 2,30 m Außenbreite, die man für einen mobilen Urlaub sicher eher bevorzugt, muss man sich in der Mitte des Wagens schon sehr aneinander vorbeidrängeln, wenn sich z. B. Küche und Bad gegenüberliegen.

Folgende Varianten sind häufig anzutreffen:

Ganz kurze Wohnwagen haben gar kein festes Bett, sondern verlangen einen täglichen Umbau der Sitzgruppe – das sollten Sie sich tatsächlich nur im Notfall antun, weil dann auch immer alle gleichzeitig schlafen gehen müssen. Bei dieser Variante befindet sich die **umzubauende Sitzgruppe** im Bug oder Heck und die jeweils andere Seite teilen sich Küche und Bad.

Abbildung: Dethleffs, Modell Aero 500 QK

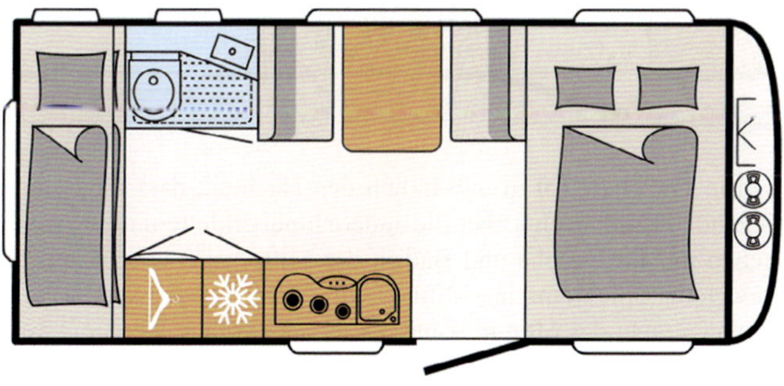

Es gibt auch ganz kleine Wohnwagen ohne Sanitärzelle, die aber eine Übernachtung ohne die Sanitäranlagen eines Campingplatzes kaum mehr zulassen.

Alternativ liegen sich Sitzgruppe, Kleiderschrank, Bad und Küche in der Mitte des Wagens gegenüber und Bug und Heck werden für das Festbett und das Etagenbett genutzt. Normalerweise lassen sich Etagenbetten mit einem Vorhang oder einer Falttür abtrennen. So können die lieben Kleinen in Ruhe schlafen, während Sie selbst z. B. noch lesen.

Version Nummer 2: An Bug oder Heck des Wagens befindet sich ein Querbett, an der jeweils anderen Seite die Sitzgruppe. Kleiderschrank, Bad und Küche liegen sich in der Mitte gegenüber.

Möglich ist auch die folgende Variante: In der Mitte liegen sich Sitzgruppe und Küche oder Schränke gegenüber und das Bad befindet sich auf der anderen Seite.

Abbildung: Dethleffs, Modell Aero 410 QS

Ein **Querbett** hat grundsätzlich den Nachteil, dass die hinten im Bett liegende Person nachts über die andere hinüberklettern muss, wenn sie aufstehen möchte. Küche und Bad in der Mitte gegenüber lassen nur wenig Bewegungsspielraum im Mittelgang. Wenn Sie aus dem Bad kommen möchten, geht das oft nur, wenn die Küche vorher „geräumt“ wird.

Den Nachteil, dass es in der Mitte des Wagens eng wird, haben Sie auch bei **Einzelbetten**, die sich im Bug oder Heck befinden, allerdings können Sie dann aufstehen, ohne über jemanden hinübersteigen zu müssen. Manchmal lassen sich Einzelbetten auch zu breiten Doppelbetten umbauen. Dann können Töchterlein oder Söhnchen im Urlaub auch bei Mama und Papa im Bett schlafen.

Die zwei Einzelbetten in diesem Wohnwagen lassen sich mit wenigen Handgriffen in eine große Liegefläche verwandeln (d)

Unsere bevorzugte Version (für zwei Personen) ist das **Längsbett** im Heck mit danebenliegendem Bad. Die übliche Wohnwagenbreite von etwa 2,20 bis 2,30 m lässt dabei ein Doppelbett von etwa 1,40 m Breite und ein noch akzeptables Bad zu (📷 ☞ Seite 24). Bei dieser Version kann die hinten im Bett liegende Person dasselbe allerdings nur über die Füße der anderen verlassen. Das Waschbecken liegt bei den meisten Modellen außerhalb des Badraumes gegenüber dem Fußende des Bettes. Den Innenraum des Bades teilen sich Kassettentoilette und Dusche – Letztere oft nur als Option (d. h., Sie müssen Duschvorhang und Handbrause als Sonderausstattung extra kaufen).

Abbildung: Dethleffs, Modell Beduin Scandinavia 740 BFK

Da das Bad nun untergebracht ist und nicht mehr den Bewegungsspielraum im Küchenbereich einengt, lässt es sich hier wesentlich besser hantieren. Und zwei Personen können locker aneinander vorbeilaufen.

Nachdem viele Jahre die Grundrisse mehr oder weniger einfallslos waren und sich die Wagen eigentlich nur durch die Ausstattung und das Aussehen unterschieden, haben sich die Designerinnen und Designer in den letzten Jahren wirklich einiges einfallen lassen, um im Innenraum möglichst viel Platz bei kurzen Wagen zu schaffen.

Abbildung: Dethleffs, Modell Beduin Scandinavia 650 RE

Die vorgestellten Varianten lassen sich bei einigen Herstellern noch mit einem Aufstelldach (☞ Personenzahl) kombinieren und durch Etagenbetten für Kinder ergeben sich viele zusätzliche Möglichkeiten. Es gibt z. B. auch Modelle mit richtigen „Kinderzimmern" mit eigener Sitzgruppe.

Abbildung: Dethleffs, Modell Scandinavia 7408 FK

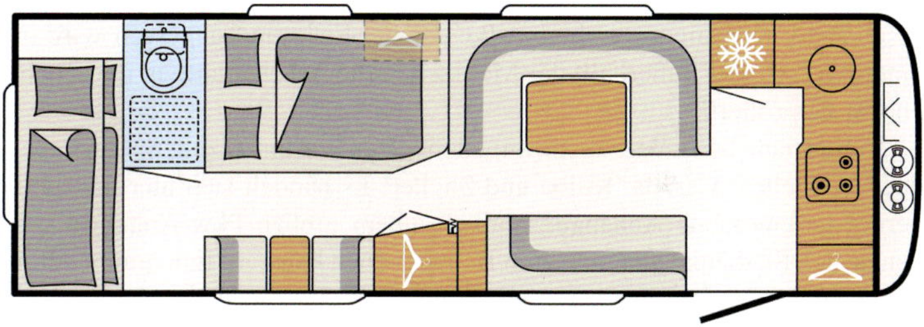

Diese sind aber häufig so lang, dass sie für einen mobilen Urlaub eher nicht infrage kommen, sondern nur für Camperinnen und Camper geeignet sind, die für längere Zeit an einem Platz bleiben wollen. Dasselbe gilt für Caravans, bei denen an einem Ende des Wagens mittig ein Doppelbett platziert ist.

Abbildung: Dethleffs, Modell Scandinavia 650 RE

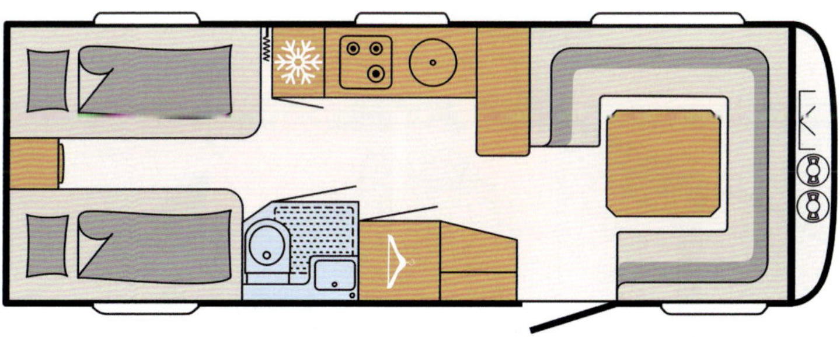

Einige Hersteller haben inzwischen auch Modelle im Programm, bei denen man die komplette Sitzgruppe wegklappen oder das Doppelbett hochklappen und durch eine riesige Heckklappe z. B. ein Motorrad oder größere Sportausrüstung einladen und transportieren kann. Eine Schiene, die das Motorrad hält, sowie Spannhaken zum Befestigen komplettieren das Ganze. Die restliche Einrichtung kann man sich oft aus Modulen zusammenstellen. Außerdem gibt es für alle, die etwas ganz Besonderes möchten, noch Lifestyle-Modelle: Hier wartet statt der üblichen Tisch/Bank-Kombination eine große Lounge-Ecke und gegessen wird an einem Tresen, der außerhalb der Mahlzeiten die Arbeitsplatte in der Küche enorm vergrößert!

Einige ganz besondere Wohnwagen möchten wir Ihnen zum Schluss auch noch vorstellen: Caretta, Kulba und Shelter! Es handelt sich hier um rundherum geschlossene Anhänger, ähnlich einem großen Pkw-Anhänger, bei denen sich Sitzbänke, die man zum Bett umbauen kann, im Innenraum befinden. Hinten ist außen eine komplette kleine Campingküche eingebaut, an der Vorderseite Stauraum vorhanden. Beim Shelter der Firma Kip können Sie sich die gesamte Inneneinrichtung im Baukastensystem zusammenstellen.

Ein Blick in den Shelter (Kip)

Der Kulba (S. 151) wird komplett nach Ihren Wünschen in Lettland von Hand gefertigt und die Wände bestehen aus baltischem Birkenschichtholz! Alle Modelle wiegen unter 500 kg und können damit auch von Kleinwagen und mit Führerschein Klasse B gezogen werden. Passende Vorzelte in Stehhöhe machen fast vollwertige Wohnwagen aus den kleinen Anhängern. Und den Kulba gibt es sogar als Offroad-Modell. Keiner dieser Wagen kann allerdings mit einer Sanitärzelle aufwarten.

Ein ganz besonderer Wohnwagen (Caretta)

Letztendlich entscheiden immer Sie: Ist Ihnen wichtig, im Küchenraum wirbeln zu können, weil Sie im Urlaub gern und ausgiebig kochen? Möchten Sie lieber Einzelbetten und gekocht wird bestenfalls das Frühstücksei und der Tee? Brauchen Sie innen viel Platz, weil Sie den Wagen z. B. auch beruflich und im Winter nutzen? Überlegen Sie gut und gründlich, was genau für Sie passt, und entscheiden Sie sich erst danach für einen Grundriss. Vielleicht leihen Sie sich für einige Tage einen Wagen mit dem Grundriss aus, den Sie sich ausgesucht haben, dann werden Sie schnell merken, ob Theorie und Praxis zusammenpassen.

Kleine Personen sollten auch schauen, ob sie in der Küche an den Inhalt der Oberschränke kommen – die verschiedenen Hersteller haben auch unterschiedlich hohe Wagen und tiefe Arbeitsplatten können verhindern, dass man an den Schrankinhalt kommt.

In jedem Fall sollten Sie sich vor einer Kaufentscheidung nicht nur bei einem Händler umsehen, sondern auch eine Messe für Wohnwagen und Wohnmobile besuchen. Die größte in Deutschland ist der Caravan Salon in Düsseldorf, der jedes Jahr Ende August / Anfang September stattfindet (in Österreich Caravan Salon Austria in Wels, in der Schweiz Suisse Caravan Salon in Bern, beide im Oktober). Im Winter bietet sich die CMT in Stuttgart an. Sie findet immer im Januar statt, bietet nicht ganz so viele Exponate wie der Caravan Salon, aber immer noch einen sehr guten Überblick.

Sollten Sie in der Nähe von Würzburg auf der A3 unterwegs sein, können Sie auch bei der Hymer World vorbeischauen. Auf 28.000 m² finden Sie über 500 aktuelle Wohnwagen aller Hersteller, die zur Hymer Group gehören (3Dog, Buccaneer, Bürstner, Carado, Compass, Crosscamp, Dethleffs,

Jede Menge Zubehör, auch für die vierbeinigen Mitreisenden, finden Sie bei der Hymer World (d)

Elddis, Eriba, Etrusco, Hymer, Laika, LMC, Sunlight und Explore). Es werden nicht nur Neuwagen, sondern auch Gebrauchte angeboten. Außerdem finden Sie dort einen großen Movera-Campinghandel, wo Sie bei einem Bummel schon einmal schauen können, was es alles an nützlichem und unnützem Zubehör gibt. Hier haben Sie den Vorteil, dass Sie jederzeit vorbeikommen können und keinen Eintritt zahlen müssen (was bei einer kompletten Familie ja auch ins Geld gehen kann). Das Gelände liegt übrigens direkt neben dem Designer-Outlet Wertheim Village mit 96 Shops vieler bekannter Marken und bietet auch einen Stellplatz, auf dem nicht nur Wohnmobile, sondern auch Gespanne über Nacht parken dürfen.

Gehen Sie ruhig mit der kompletten späteren Wohnwagenbesatzung auf Suche. Auch wenn Sie „nur" einen gebrauchten Wagen suchen, schadet es nicht, zu schauen, was es alles gibt und was Ihnen am ehesten zusagt. Machen Sie sich vor den Messebesuchen Listen, in denen jedes Familienmitglied festhalten darf, was es gern hätte. So können Sie beim anschließenden Kauf gleich darauf achten, dass keine Wünsche (soweit bezahlbar) vergessen werden.

Eine gute Vorbereitung auf den Besuch ist es, die Kataloge der diversen Hersteller (☞ S. 150) zu studieren. Fast alle sind inzwischen auch online verfügbar, das schont die Umwelt.

Kosten

Anschaffung

Nicht ganz uninteressant sind natürlich auch die Anschaffungskosten. Die Bandbreite ist enorm: von etwa € 10.000 für kleinere Modelle mit kompletter Inneneinrichtung von Herstellern preiswerter Caravans bis zu knapp € 90.000 für den größten Wohnwagen von Kabe, einem schwedischen Hersteller von Ganzjahres-Luxuswohnwagen. Sie sehen also: Da geht alles! Für einen neuen Vier-Personen-Wagen mit normaler Ausstattung müssen Sie je nach Hersteller ab etwa € 15.000 bis € 25.000 rechnen, natürlich ohne Extras. Ausstellungswagen kann man auf Messen manches Mal besonders günstig erwerben. Schlagen Sie aber nicht blind zu, sondern vergleichen Sie im Internet, z. B. bei 💻 www.mobile.de, zu welchen Preisen Ihr Wunschmodell dort angeboten wird. Oft haben Händler noch ein nagelneues Vorjahresmodell am Lager, das sie gern loswerden möchten.

Gebrauchte Wohnwagen gibt es natürlich schon für weniger Geld, Angebote finden Sie z. B. in den Kleinanzeigen Ihrer Zeitung oder im Internet. Für kleinere, etwa drei bis vier Jahre alte Wohnwagen mit Schlafplatz für drei bis vier Personen sollten Sie aber auch mit mindestens € 8.000 aufwärts rechnen!

Kleine Wagen sind natürlich günstiger (Caretta)

Vergessen Sie nicht, dass bei der Anschaffung des Zubehörs noch einige weitere Kosten auf Sie zukommen – für Vorzelt, Campingmöbel, Gasflaschen, technische Extras ... Allein für ein komplettes Vorzelt mit Gestänge sollten Sie z. B. schon mindestens € 500-700 einplanen.

Steuern und Versicherung

Die Steuern richten sich nach dem zulässigen Gesamtgewicht des Anhängers und betragen bei normal großen Anhängern nicht einmal € 100/Jahr. Entsprechend weniger wird es mit Saisonkennzeichen.

Für den Wohnwagen benötigen Sie eine Haftpflichtversicherung. Diese deckt die Schäden ab, die Sie Dritten zufügen, und ist schon unter € 25 zu bekommen. Eine Teilkasko deckt Ihre eigenen Schäden ab, genau wie beim Pkw, und kostet etwa € 100. Auch Vollkasko wird angeboten – manchmal kann man die Vollkasko-Versicherung auch nur für die Dauer des Urlaubs hinzubuchen. Wie auch für alle anderen Versicherungen sind Preis und Leistung je nach Gesellschaft sehr unterschiedlich. Informieren Sie sich in mehreren Versicherungsvergleichsportalen im Internet.

Versichert sind Gegenstände im Wohnwagen üblicherweise durch Ihre Hausratversicherung. Da die Bedingungen aber höchst unterschiedlich sind, sollten Sie sich Ihren Versicherungsschein genau anschauen oder nachfragen. Meist sind Sachen z. B. nachts nicht versichert. Auch für gestohlene Gegenstände im Pkw ist übrigens nicht die Auto-, sondern die Hausratversicherung zuständig. Fragen Sie bei Ihrer Versicherung nach, was bis zu welcher Höhe versichert ist und wie Sie sich im Schadensfall zu verhalten haben. Es gibt spezielle Campingversicherungen, die für gestohlene Gegenstände aufkommen. Sie greifen auch nachts und auch dann, wenn Sie unterwegs übernachten und nicht auf einem Campingplatz stehen. Rechnen Sie hier mit Kosten von etwa € 120. Aber auch hier gelten Höchstgrenzen, z. B. für den Fernseher.

Wenn alles gut versichert ist, kann man entspannt Urlaub machen (d)

(d)

Der Wohnwagen

Der Aufbau

Bei der Außenhaut des Wagens haben Sie meist die Wahl zwischen GFK (glasfaserverstärktem Kunststoff) und Aluminium. GFK ist widerstandsfähiger gegen Hagel und wird deshalb oft für das Dach verwendet (in Kombination mit Aluminiumseiten), es gibt aber auch Modelle komplett aus GFK. Bei Schäden lässt sich dieses Material leichter reparieren als Aluminium, es ist allerdings auch teurer. Gegen schnelle Verschmutzung gibt es auch schon eine Nano-Versiegelung.

Egal ob Aluminium oder GFK, die Wände sind aus „Sandwichplatten" geformt, die innen eine Dämmung haben. Zum Innenraum hin sind sie mit Möbeldekorplatten oder Stoff beschichtet.

Wohnwagen mit vielen Dachfenstern (d)

Die Fenster und Dachhauben bestehen üblicherweise aus doppeltem Acryl mit einer dazwischenliegenden isolierenden Luftschicht. Alle haben inzwischen Plissees oder Rollos und Fliegengitter, die Sie zum Schutz gegen Insekten oder zum Verdunkeln zuziehen können. Schön und sinnvoll sind sogenannte Panoramahauben in der Decke, die viel Licht (und in geöffnetem Zustand auch Luft) in den Wagen bringen. Einfachere Hauben mit Zwangsentlüftung befinden sich meist noch im Bad.

Einige Hersteller versehen die Fenster innen inzwischen mit Schiebe- statt „normalen" Gardinen. Das sieht zwar schick aus, wir finden es aber unpraktisch, da sich die unten eingezogenen Leisten vor allem am Bett sehr leicht verkanten.

Es werden ein- oder zweiteilige (in Norddeutschland Klönschnacktür genannt) Türen angeboten. Ganz neu bietet bisher ein Hersteller auch zweiflügelige Panoramatüren an, allerdings nur bei großen Modellen, die schon fast einem Wochenendhaus gleichen. Als Fliegenschutz haben sich inzwischen Plissee-Schiebegardinen durchgesetzt, sie gibt es allerdings üblicherweise nur gegen Aufpreis. Passen Sie aber sehr gut auf: Unten in den Türen befindet sich bei neueren Wagen oft ein fest eingebauter Mülleimer und der drückt das Fliegengitter weg, wenn die Tür z. B. bei einem kräftigen Windstoß zufällt. Alternativ können Sie natürlich auch einen wesentlich günstigeren Fliegenvorhang aufhängen bzw. einbauen, dem kann auch die zuschlagende Tür mit eingebautem Mülleimer nichts anhaben.

Überhaupt ist dieser Mülleimer irgendwie ein Witz: Einen Beutel können Sie nicht hineintun, er rutscht mit der ersten Müllladung unten in den Eimer, weil man ihn wegen des fest angebrachten Deckels nicht über den Rand ziehen kann. Wenn die Tür offen ist, ist der Mülleimer weg – nämlich draußen! Also muss man beim Kochen die Fliegengittertür öffnen, sich um die Ecke hinauslehnen, den Müll entsorgen, die Fliegengittertür wieder schließen.

Wir haben den Eimer sofort demontiert, einen handelsüblichen Eimer mit Klappdeckel gekauft und ihn mithilfe einer Schiene aus dem Baumarkt (☞ Foto oben) jederzeit wieder abnehmbar eingehängt. Nun lässt sich problemlos jeder Müllbeutel überhängen, und wenn die Tür offen bleiben soll, kann man den Mülleimer abnehmen und in den Innenraum stellen.

Als Fußboden wird eine Sandwichplatte mit innenliegender Isolierung verwendet. Für Wintercamping geeignete Wagen haben manchmal sogar eine Fußbodenheizung.

Vorn bei der Deichsel befindet sich bei jedem Wohnwagen der Gaskasten – früher ein separater Kunststoffbehälter, inzwischen ein komplett in den Aufbau integrierter Abstellraum, der neben den Gasflaschen auch noch viele zusätzliche Dinge wie Wasserschlauch, Stromkabel oder Abwasserkanister aufnehmen kann.

Die Möbel

Das Bett

Nun nehmen wir uns die Möbel vor. Achten Sie beim Bett – egal wo es sich befindet – auf eine ordentliche **Matratze**. Sie möchten doch bestimmt nicht jeden Urlaubstag mit Rückenschmerzen beginnen, die sich unweigerlich einstellen, wenn zu dünne Matratzen mit vielleicht schlechten **Lattenrosten** kombiniert sind. Die Breite des Bettes ergibt sich aus dem gewählten Grundriss, darüber haben Sie sich ja bereits ausgiebig Gedanken gemacht. Etwas mehr Komfort lässt sich mit einer **Matratzenauflage** erzielen. Für ein Querbett oder für Einzelbetten finden Sie passende Auflagen außer im Campinghandel auch im Bettenfachhandel oder im schwedischen Möbelhaus. Für Längsbetten, deren Fußteil meist etwas abgeschrägt ist, müssen Sie das Format entsprechend ändern (lassen). Diese Auflagen haben in der Regel einen abnehmbaren, waschbaren Bezug, was ebenfalls praktisch ist. Auch lassen sie sich besser beziehen als die Matratze selbst, weil Sie an Letztere in der Regel höchstens von zwei Seiten herankommen und die anderen Ecken umschlagen müssen, während Sie selbst auf der Matratze knien. Außerdem schonen Auflagen die Originalmatratze, dies erhöht den Wiederverkaufswert.

Praktisch ist es, wenn es am Kopfende eine **Abstellmöglichkeit** gibt, um das Buch nach der abendlichen Lektüre weglegen zu können oder für die Nacht ein Glas Wasser oder Taschentücher in der Nähe zu haben.

Der Lattenrost sollte sich (möglichst mit Gasdruckfeder) anheben lassen, damit Sie auch von innen bequem an den Stauraum unter dem Bett gelangen.

Sehr praktisch: eine Ablage am Kopfende (d)

Ob Sie tatsächlich eine **Tagesdecke** benötigen, sollten Sie sich gut überlegen – wir bevorzugen Bettwäsche, die farblich auf die Polster abgestimmt ist, und verzichten auf eine separate Tagesdecke, die Sie nachts ja auch irgendwo unterbringen müssen. Ohnehin lässt sich das Bett üblicherweise mit einem Vorhang oder einer Faltgardine abtrennen.

Ob Sie sich nachts in einen **Schlafsack** einrollen oder eine ganz normale Bettdecke nehmen möchten, ist allein von Ihren persönlichen Vorlieben abhängig.

Die Sitzgruppe

Hier gibt es je nach Grundriss wieder verschiedene Möglichkeiten. Egal, welche Sie wählen: Achten Sie darauf, dass kein zu weicher Schaumstoff verarbeitet wurde, sonst sind die Polster bereits nach wenigen Wochen durchgesessen.

Erste Möglichkeit: Die Sitzbänke stehen sich gegenüber, der Tisch ist mittig dazwischen platziert und mit der Schmalseite an der Wand befestigt. Prima für die Fahrt, Sie brauchen den Tisch nicht extra zu sichern.

Die Sitzgruppe mit fest verschraubtem Tisch ist besonders praktisch, wenn Sie im Urlaub oft den Stellplatz wechseln (d)

Größer und bequemer, vor allem auch zum abendlichen Lümmeln, ist die zweite Möglichkeit: eine U-förmige Sitzgruppe. Wenn Sie sich z. B. beim Fernsehen gern langmachen, sollten die Rückenpolster in den Ecken aber nicht abgerundet sein. Sie können sich besser anlehnen, wenn es tatsächlich Ecken sind. Bei einer U-förmigen Sitzgruppe müssen Sie bei vielen Modellen aber vor jeder Fahrt den Tisch absenken und befestigen, sonst würde er Ihnen – jedenfalls nach starkem Bremsen – durch den Wagen fliegen. Praktisch sind auf jeden Fall kleine Leselampen in den Ecken.

Auch die größten Tischdeckenfans sollten im Wohnwagen auf Sets oder Tischläufer ausweichen – zu schnell ist bei der unvermeidlichen Enge die Decke samt Geschirr beim Vorbeilaufen oder „Durchrutschen“ auf dem Sitz heruntergezogen. Eine zusätzliche Anti-Rutsch-Matte darunter hält alles an seinem Platz.

Viel Platz für alle Mitfahrer (d)

Das Bad

Die Größe des Bades hängt vor allem davon ab, wo im Wagen es positioniert ist. Am geräumigsten sind die Bäder, die sich quer im Heck befinden und mit einer separaten Duschkabine aufwarten. Die findet man aber nur in langen Modellen.

Bei Caravans mit einem mittig in einem Ende des Wagens platziertem Doppelbett finden Sie auch Varianten, bei denen sich Waschbecken und Toilette auf der einen und die Duschkabine gegenüber auf der anderen Wagenseite vor dem Bett befinden.

Ebenfalls eine geräumige Lösung ist ein Bad neben dem Längsbett im Bug oder Heck. Hier ist die „Duschkabine“ meist der Platz vor der Toilette, der mit Vorhang oder Falttüren gesichert wird. Unvermeidlich ist nach dem Duschen das Trockenwischen des Bodens, damit Sie die Toilette benutzen können. Das Waschbecken befindet sich außerhalb des Bades gegenüber dem Fußende des Bettes. Auf den abgebildeten Grundrissen (☞ S. 24 unten) und auf dem Foto auf der nächsten Seite können Sie das gut erkennen.

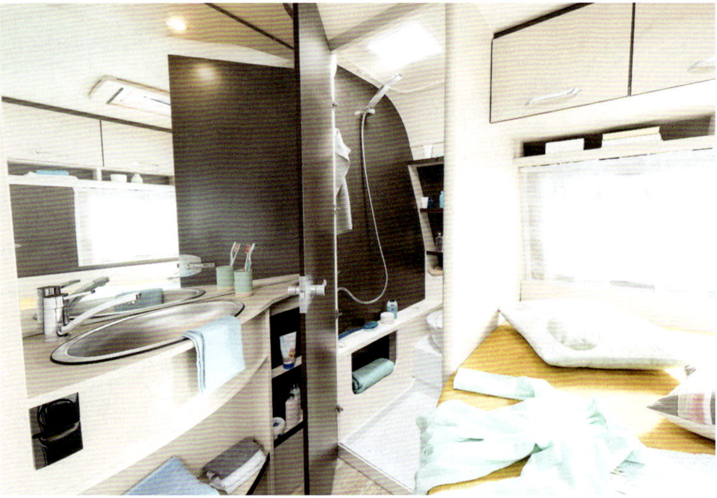

Das Bad neben dem Bett lässt viel Bewegungsspielraum im Wagen (d)

Am engsten geht es in den Bädern zu, die sich mittig gegenüber der Kochzeile finden. Hier müssen Sie oft das Toilettenbecken drehen, um an das Waschbecken zu gelangen, und korpulentere Menschen werden beim Duschen Probleme bekommen.

Prüfen Sie in jedem Fall, ob Sie genügend Schränke und/oder Abstellflächen haben und alle gut gesichert sind – sonst finden Sie Ihre Flasche Duschgel nach der Fahrt womöglich noch mit aufgesprungenem Deckel und ausgelaufen auf dem Boden wieder.

Standard sind mittlerweile **Kassettentoiletten**, bei denen man den Fäkalientank von außen aus dem Wohnwagen herausziehen und ausleeren kann. Natürlich entstehen vor allem bei Wärme Gerüche, die Sie mit Chemie bekämpfen können. Zusätze für den Fäkalientank gibt es in flüssiger Form oder als Tab. Alternativ oder zusätzlich können Sie auch einen sogenannten SOG einbauen (lassen). Dieser verhindert Gerüche durch Unterdruck im Fäkalientank, braucht aber einen 12-Volt-Stromanschluss – also eine Bordbatterie (☞ Die Technik/Die Toilette). Den 12-Volt-Anschluss benötigen Sie auch für die Pumpe der Toilettenspülung. Einige Wagen haben einen separaten Frischwassertank für das Spülwasser, dann können Sie dort auch schon Zusätze für „frischen Duft“ mit einfüllen. Andere zapfen das Spülwasser aus dem zentralen Frischwassertank. Bei Letzterem müssen Sie dann wirklich aufpassen, dass der eingebaute Frischwassertank groß genug ist.

Wasserver- und -entsorgung

Grundsätzlich kann man das Bad unterwegs nur mit einem fest eingebauten Wassertank sinnvoll nutzen. Den bieten inzwischen alle Hersteller zumindest als Option an. Befüllt wird er über eine außen am Wagen angebrachte Versorgungsklappe (☞ Die Technik/Wasserversorgung).

Küche

Kühlschrank, 2- bis 3-Flammen-Gaskochfeld und Spüle sind absolutes Minimum und inzwischen in allen Wagen Standard. Wenn Sie gern kochen, achten Sie darauf, dass ein 3-Flammen-Gaskocher vorhanden ist. Einige Modelle haben bereits eine elektrische Zündung und müssen nicht mehr mit Streichholz oder Feuerzeug angezündet werden.

Die großzügig gestaltete Küche bietet viel Platz (d)

Praktisch ist ein hoch eingebauter Kühlschrank (d)

Der Kühlschrank ist bei kleineren Wagen immer unten in der Küchenzeile untergebracht. Praktischer ist jedoch ein hoch in einem separaten Schrank eingebauter (☞ Foto oben), weil er wesentlich besser ein- und auszuräumen ist. Auch können dort größere Modelle als unter der Spüle/dem Herd eingebaut werden. Bei einigen neuen Kühlschränken kann man das Gefrierfach herausnehmen, was den zur Verfügung stehenden Raum noch einmal vergrößert, wenn man nichts einfrieren möchte. Sinnvoll ist dann aber ein zusätzlicher Einlegeboden. Bei dieser Lösung bleibt der Platz unter Kochfeld und Spüle dann für Schränke frei, sie braucht allerdings auch etwas mehr Platz im Wagen. Achten Sie darauf, dass die Böden im Kühlschrank nicht völlig dicht gebaut oder zugestellt sind. Ihr Kühlschrank zu Hause kühlt über die komplette Rückseite, der im Wohnwagen aber nur über die oben angebrachten Kühlrippen. Von dort muss die Kälte bis zum untersten Boden „fallen" können. Matten auf den Böden oder komplett zugepackte Böden verhindern das und unten wird nichts richtig gekühlt. Die meisten Kühlschränke lassen sich mit 12 Volt, 230 Volt und Gas betreiben (☞ Die Technik/Der Kühlschrank).

Es gibt auch Kühlschränke als Auszug unten im Küchenblock. Und eine relativ neue Entwicklung sind Kühlschränke, deren Türen sich wahlweise – ohne etwas umzubauen – nach links oder rechts öffnen lassen.

Hin und wieder finden Sie inzwischen auch Dunstabzugshauben. Diese sollten Sie aber für längere Zeit besser nur bei vorhandenem 230-V-Stromanschluss laufen lassen. Eventuell vorhandene Bordbatterien sind beim Betrieb einer Abzugshaube schnell leer. Gut belüftet ist der Wagen bei einer geöffneten Dachhaube und offenem Fenster hinter dem Kochfeld. Wenn Sie wirklich einmal wegen allzu üblen Wetters auch stark riechende Speisen im Wohnwagen zubereiten müssen, ziehen Sie den Vorhang/die Plisseegardine vor dem Bett zu, so können sich dort keine Kochdünste festsetzen.

☝ Egal ob Dunstabzug oder nicht: Beim Betrieb des Gaskochers muss ein Fenster und/oder eine Dachluke zur Belüftung geöffnet sein!

Auch gasbetriebene Backöfen finden Sie in einigen Wagen.

Außer bei den ganz preisgünstigen Wohnwagenmodellen sind die Küchenunterschränke inzwischen alle mit Auszügen versehen, die sich natürlich bei der unvermeidlichen Enge wesentlich besser einräumen lassen als Einlegeborde hinter Türen.

Fast immer knapp ist der Platz zum Arbeiten auf der Küchenarbeitsplatte – in der Regel ist nur ein schmaler Streifen vor Kocher und Spüle vorhanden.

Wenn „Ihr“ Grundriss es zulässt, befestigen Sie noch eine kleine Klappe an der Seite des Schrankes, die Sie als zusätzliche Arbeitsplatte hochstellen können, oder nutzen das Fußende des Bettes, sofern sich dies direkt neben der Küche befindet. Wenn Sie dort ein sogenanntes Betttablett mit ausklappbaren Füßen hinstellen, haben Sie sogar eine akzeptable Arbeitsfläche. Auch eine geöffnete Schublade mit einer aufgelegten Platte oder einem aufgelegten Tablett taugt als zusätzlicher Abstellplatz, z. B. für das schmutzige Geschirr beim Abwaschen.

Ärgerlich ist, dass kaum ein Hersteller, obwohl die Küchen z. B. „Gourmet-Center“ heißen, ordentliche Gewürzregale einbaut. Dabei gibt es eigentlich immer ungenutzten Platz, beispielsweise neben dem Fenster. Manchmal findet man ein kleines Chromkörbchen, das aber eher ein Witz ist. Wünschenswert wäre hier ein Regal, in das man oben die Gewürze und unten auch kleine Öl- und Essigflaschen hineinstellen kann. Vorn bräuchte es eine stabile Reling, damit nichts herausfallen kann. Geschickte Heimwerkerinnen und Heimwerker können so etwas auch selbst bauen. Aber achten Sie auf gute Verarbeitung, der Wohnwagen ist während der Fahrt ziemlichen Erschütterungen ausgesetzt und die Gefahr, dass etwas „heraushüpft“ und seinen Inhalt im Wohnwagen ausleert, ist groß. In einigen Wohnwagen gibt es inzwischen sogenannte Apothekerauszüge, dort lassen sich immerhin Essig und Co. sicher unterbringen.

Schränke/Staumöglichkeiten

Ein etwa 50 bis 60 cm breiter und tiefer Kleiderschrank befindet sich eigentlich in fast jedem Wagen. Viel ist das aber für manchmal vier Personen nicht. Unten im Kleiderschrank ist normalerweise die Heizung untergebracht.

Zusätzlich gibt es Oberschränke und offene Fächer. Wenn Sie mobil urlauben, helfen Ihnen die offenen Fächer allerdings wenig – während der Fahrt wird sich ihr Inhalt mehr oder weniger schnell im Wagen verteilen. Achten Sie also besser auf Schränke mit Türen oder Klappen.

Die Oberschränke bieten viel Stauraum für leichte Gepäckstücke (d)

Die Scharniere, Schlösser und Feststeller sollten aus Metall sein, Kunststoffteile verbiegen und brechen schnell.

Achten Sie auch darauf, dass alle Schränke hinterlüftet sind (Lüftungsschlitze in den Schrankböden an der Außenwand), das verhindert die Entstehung von Schimmel.

Viel Platz bieten die Staukästen unter den Betten (d)

Weiterhin finden Sie unter allen Sitzbänken und dem Bett Staukästen (einer enthält, falls vorhanden, den Wassertank und/oder eine Batterie). Praktisch ist es, wenn ein Stauraum, bevorzugt der unter dem (Doppel-) Bett, auch von außen zugänglich ist. So müssen Sie die Campingmöbel nicht im engen Wagen herauslavieren, sondern können sie bequem von außen ein- und ausladen.

Selten ab Werk vorhanden, aber ungeheuer praktisch, um die Zeitung, den Einkaufszettel, die Lesebrille unterzubringen, sind Utensilos. Im Fachhandel gibt es sie in diversen Ausführungen zu kaufen. Schöner ist es natürlich, wenn Sie sie aus einem zur Polsterfarbe passenden Stoff selbst nähen.

Die Stoffe Ihrer Polster gibt es auch als „Ersatzteil" zu kaufen, das ist dann absolut perfekt. Wir haben Utensilos genäht und diese dann je auf eine dünne Hartfaserplatte geklebt, die wir vorher an allen vier Ecken vorgebohrt hatten. Diese Platten haben wir dann in Tischnähe an eine freie Wand geschraubt. Die Fa. Dethleffs hat inzwischen Modelle im Programm, in denen zu den Gardinen passende Taschen gleich in diese eingenäht sind, nett und nützlich!

Die Polsterstoffe gibt es in vielen Ausführungen (d)

Teppich

Jeder Hersteller bietet – meist gegen Aufpreis – auf Maß geschnittene und umkettelte Teppiche an. So schön und gemütlich sie auch aussehen, praktisch sind sie nicht gerade. Kleine, rutschfeste Einzelteppiche für die Sitzgruppe und vor dem Bett, die Sie schnell mal draußen ausklopfen können, sind hier praktischer. Zur schnellen Reinigung ist ein Akkusauger geeignet.

Die Böden sind alle kunststoffbeschichtet und leicht zu fegen oder feucht zu reinigen.

Fürs Bad haben wir uns eine Rolle Schaumteppich gekauft, wie man ihn auch für die Wohnung bekommen kann, und dann alles passend für die Duschwanne zurechtgeschnitten. Nun brauchen wir nicht mehr mit nackten Füßen auf kaltem Kunststoff zu stehen.

Fernseher

Nicht unbedingt ein Möbel und vielleicht auch nicht unbedingt notwendig – aber trotzdem: Viele Camperinnen und Camper möchten einen Fernseher an Bord haben. Welches Modell es sein soll und wie groß das Gerät sein darf, hängt davon ab, wie viel Platz Sie haben und wie viel Sie ausgeben wollen. Wenn Sie noch einen freien Unterschrank haben, können Sie den Fernseher dort aufstellen. Eine praktische Alternative sind spezielle TV-Halter, mit denen Sie den Fernseher an der Wand oder am Kleiderschrank anbringen und teilweise sogar drehen können und die das Gerät auch während der Fahrt sicher halten.

Wenn Sie Fernsehen über DVB-T schauen möchten, dann achten Sie darauf, dass Ihr Fernseher bzw. Ihr Receiver DVB-T2-tauglich ist. Seit Frühjahr 2017 ist in Deutschland nur noch der Empfang von DVB-T2 möglich. DVB-T und DVB-T2 sind untereinander nicht kompatibel, da DVB-T2 ein anderes Datenübertragungsverfahren nutzt. Achtung beim Kauf eines gebrauchten Wohnwagens: In der Übergangszeit der Umstellung haben viele Hersteller alte Geräte verbaut, die sie noch auf Lager hatten. So ist es nicht selbstverständlich, dass ein Wohnwagen mit TV aus dem Jahr 2017 automatisch einen Fernseher mit einem Receiver im DVB-T2-Standard besitzt. Fragen Sie beim Kauf explizit nach.

Wenn Sie nicht nur in Deutschland in der Nähe größerer Städte unterwegs sind und somit DVBT-Empfang haben, benötigen Sie auch eine Satellitenschüssel. Ganz einfache stellen Sie mit freier Sicht zum Satelliten einfach auf Ihren Platz, z. B. montiert an einen kleinen Mast, und schließen das Antennenkabel an den Receiver an. Wesentlich bequemer sind spezielle Sat-Schüsseln für Wohnwagen und Wohnmobile. Mit ein wenig Geschick können Sie sie selbst installieren.

Weitere Hinweise zu technischen Voraussetzungen und zur Installation der Satellitenanlage: ☞ Die Technik/Fernseher und Satellitenanlage.

Das Zubehör

(d)

Sinnvolles Zubehör für außen

Deichselschloss

Ihr Wohnwagen lässt sich ohne Deichselschloss von jedem Auto mit Anhängerkupplung wegziehen, wenn er nicht an Ihrem Fahrzeug hängt. Sichern Sie ihn mit einem passenden Schloss an der Deichsel. Je nach Kupplung gibt es verschiedene Möglichkeiten, im Fachhandel berät man Sie sicher gern.

Deichselhaube

Diese Kunststoffhülle wird über das Deichselende mit Stützrad und Anhängerkupplung gezogen und schützt dieses im Stand vor Feuchtigkeit und Schmutz. Bei Neuwagen wird Ihnen dieses Teil in der Regel als Werbegeschenk mitgegeben.

Auffahrkeile und Anfahrhilfen

Der Air-Lift von Emuk gleicht auch große Höhenunterschiede aus (Emuk)

Wenn der Stellplatz nicht eben ist oder ein Rad in einem Loch steht, kann man das Ganze mittels eines Auffahrkeils ausgleichen. Je weiter Sie auf den Keil fahren, desto höher wird das Rad angehoben. Wenn Sie wenig Platz zum Rangieren haben oder der Höhenunterschied sehr hoch ist, können Sie auch einen Air-Lift benutzen. Dies ist ein aus einem stabilen Schlauch gefertigtes Kissen, das mit einer Luftpumpe oder einem Kompressor aufgeblasen wird. Damit können Sie Höhenunterschiede von bis zu 20 cm ausgleichen.

Sollte der Platz sehr schlammig oder sandig sein und die Räder des Zugfahrzeugs beim Anfahren durchdrehen, kann man sich schmale, geriffelte Kunststoffplatten unter die Antriebsräder legen. Diese verhindern – wenn es nicht ganz arg ist – ein Durchdrehen der Räder beim Anfahren.

Bei schlammigem Untergrund sind Anfahrhilfen praktisch (Fritz Berger)

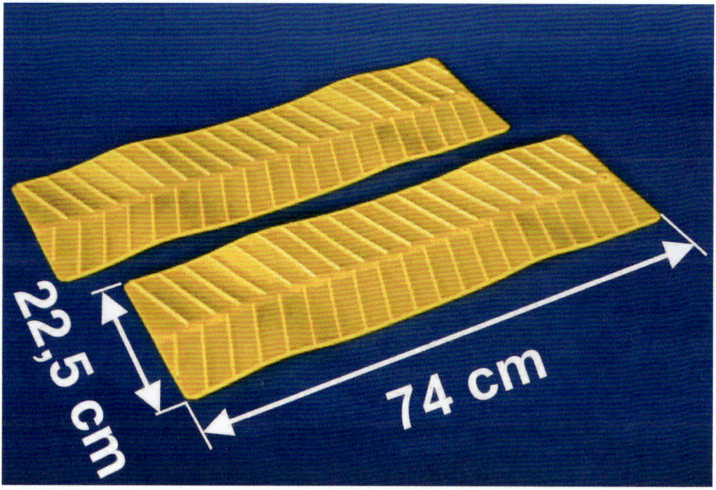

Markise

Bei Markisen haben Sie die Wahl zwischen einem Modell in Stofftasche, das sich in die vorhandene Kederschiene einziehen lässt, oder einem fest angebauten Modell. Das Kederschienen-Modell muss von Hand ausgerollt und aufgestellt werden. Die fest angebauten werden mithilfe einer Kurbel ausgerollt, genau wie die Markise auf Ihrer Terrasse. Beide Varianten bleiben während der Fahrt am Wagen und lassen sich mit zusätzlich montierten Seiten- und Frontteilen zu einem Vorzelt erweitern. Das spart gegenüber einem „richtigen“ Vorzelt Gewicht und Platz. An der Seite oder vorn lässt sich außerdem ein Regen- und Sonnenschutz montieren. Sollte es einmal regnen, kann man zusätzlich noch Spannstangen einbauen, die verhindern, dass sich Wassersäcke bilden.

Viele Vorzelte sind schnell aufgebaut (Oase)

Vorzelt

Als Alternative zur Markise können Sie auch ein Vorzelt mitnehmen, hier finden Ihre Campingmöbel ihr Zuhause. Kühleren Abenden und Regenschauern können Sie so gelassener entgegensehen und zusätzlich haben Sie ein feines Esszimmer! Vorzelte gibt es in einer unendlichen Anzahl von Varianten, achten Sie darauf, dass es sich um ein Modell für einen mobilen Urlaub handelt. Es gibt Zelte, die für einen Ganzjahreseinsatz auf dem Dauercampingplatz konstruiert und für einen mobilen Urlaub viel zu schwer und unhandlich sind, selbst wenn Sie zwei Wochen auf einem Platz bleiben werden. Speziell für den Winterurlaub gibt es auch isolierte Wintervorzelte. Inzwischen werden von einigen Herstellern sogar selbstreinigende Stoffe verwendet.

Achten Sie beim Kauf auf die richtige Größe. Sie ergibt sich aus der kompletten Länge der Kederschiene an Ihrem Wagen, messen Sie sorgfältig nach.

In den letzten Jahren sind außerdem ganz leichte (Teil-)Vorzelte (Reisevorzelt) entwickelt worden, die sich ihre Konstruktion bei den Trekkingzelten abgeschaut haben – Alu- oder Fiberglasgestänge und superleichter Zeltstoff. Am Wagen befestigt werden auch sie, genau wie die „richtigen“ Vorzelte, durch Einzug einer Keder in die stets am Wohnwagen vorhandene Schiene. Sie sind schnell aufgebaut, günstig in der Anschaffung, wiegen nicht viel und sind damit eigentlich perfekte Partner für einen mobilen Wohnwagenurlaub.

Seit einiger Zeit gibt es auch „aufblasbare“ Vorzelte (☞ links). Bei diesen Zelten wurden die Stangen durch stabile Luftschläuche ersetzt. Das erspart das (oft) komplizierte Zusammenstecken des Gestänges (vor allem, wenn die Bedienungsanleitung verloren gegangen ist). Beim aufblasbaren Vorzelt werden einfach die Schläuche mittels einer Fuß- oder Handpumpe aufgepumpt. (Der Campingprofi nutzt für so etwas natürlich seinen Kompressor.) Die Nachteile dieser Zelte sind die etwas größere Windanfälligkeit und die um etwa 10 % höheren Kosten. Es besteht zusätzlich noch die Möglichkeit, die Vorzelte durch einen (oder zwei) Anbauten zu vergrößern (je nach Vorzelttyp). Sie können ein fensterloses Zelt als zusätzliche Schlafmöglichkeit oder ein Zelt mit großen Fenstern (z. B. als Küche) anbauen.

Eine große Auswahl an „aufblasbaren“ und Gestänge-Vorzelten bietet die Firma Outwell. Auf der Website der Firma gibt es auch zahlreiche Videos zum Aufbau der Zelte. Outwell-Zelte können Sie direkt über die Website 💻 www.outwell.com/de-de, bei zahlreichen Händlern und auch bei Handelsketten wie z. B. Fritz Berger kaufen. Dort finden Sie auch öfter Vorjahresmodelle zum günstigeren Preis.

Egal für welchen Typ Vorzelt Sie sich entscheiden: Für Urlaub in Gebieten mit einer zu erwartenden Insektenplage (z. B. Schottland, Skandinavien, Masurische Seen) sollten Moskitonetze eingebaut sein.

Sinnvolles Zubehör ist außerdem eine Vorzeltlampe. Die Lampe außen an der Wohnwagentür reicht normalerweise nicht aus.

✋ Niemals dürfen Sie in einem geschlossenen Vorzelt einen Gas- oder Holzkohlegrill betreiben, die Abgase können tödlich sein! Der Grill gehört immer vor die Tür oder die Tür muss weit offen sein!

☺ Egal ob Markise oder Vorzelt: Für windige Gegenden sollten Sie ein zusätzliches Sturmband samt stabilen Heringen mitnehmen.

Vorzeltteppich

Je nach Urlaubsziel bietet sich ein in der Größe zum Vorzelt passender, speziell für diesen Zweck bestimmter Teppich an. Wenn der Boden etwas feucht ist, bewahren Sie Ihre Stuhl- und Tischbeine davor, im Matsch zu versinken, oder halten bei sandigen Böden den Sand aus dem Wagen.

Fußmatte

Mit einer ordentlichen Fußmatte vor der Tür können Sie viel Schmutz und Sand im Wohnwagen verhindern.

Windschutz

Statt eines Vorzeltes können Sie natürlich auch nur einen Windschutz aufbauen, speziell in Kombination mit einer Markise ebenfalls eine gute Lösung. Achten Sie aber in jedem Fall auf gute Qualität, wenn Sie mit stärkerem Wind, wie er z. B. am Meer eigentlich immer vorherrscht, rechnen müssen. Die Stangen sollten nicht nur auf dem Boden stehen, sondern bei weichen Böden hineingesteckt werden können (bei felsigem Boden funktioniert das natürlich nicht). Für Sand benötigen Sie zusätzlich Platten, die das komplette Einsinken verhindern. Ohne durchhängende Stoffbahnen „steht" ein Windschutz, wenn er oben Schlaufen hat, durch die man auch Querstangen ziehen kann. Das Ganze muss dann noch ordentlich mit Leinen abgespannt werden.

☺ Egal ob Vorzelt, Markise mit Seitenteilen oder Markise und Windschutz: Tun Sie sich den Gefallen und bauen Sie es einmal zu Hause zur Probe auf. Sicher ahnen Sie, wie interessant es für die anderen auf dem Platz ist, zuzusehen, wie Sie mit Ihrem neuen Equipment kämpfen! Außerdem wissen Sie so genau, ob alles komplett ist.

Wagenschürze

Für Dauercamperinnenund Dauercamper oder diejenigen, die im Urlaub an einem Platz bleiben, ist die Wagenschürze noch ein interessantes Ausrüstungsteil: Es handelt sich um eine Bahn aus witterungsbeständigem Material, die mittels Keder in die Schiene unten am Wagen eingezogen wird und die Zugluft, die unter dem Fahrzeug hereinwehen könnte, aussperrt. Beim Kauf müssen Sie die Wagenlänge beachten.

Schutzhülle

Wer seinen Wagen überwiegend draußen stehen hat, sollte ihn vor Witterungseinflüssen schützen. Zum einen lagern sich Algen und Moos auf Fahrzeug und Gummidichtungen ab, wodurch Feuchtigkeit in die Wände und Decken eindringen kann, zum anderen sorgt die UV-Strahlung der Sonne dafür, dass Kunststoffe an Deckenluken und Fenstern aushärten und spröde werden. Hier helfen Schutzhüllen, die über den Wohnwagen gezogen werden, wenn er nicht genutzt wird. Die meisten haben auch Eingänge, sodass die Türen geöffnet werden können, ohne die Schutzhülle komplett zu demontieren. Einfache Schutzhüllen, die nur in den Sommermonaten übergezogen werden, gibt es bereits ab ca. € 130 für einen 5-m-Wohnwagen (in drei Größen erhältlich). Die etwas stabilere Variante mit reißfesten Zurrösen gibt es in diversen Größen (in 40-cm-Schritten von 4,30 m bis 8,10 m) zu Preisen zwischen € 220 und € 300. Beide Varianten sind bei Fritz Berger erhältlich.

Wer etwas richtig Stabiles braucht (weil der Wohnwagen das ganze Jahr über draußen steht), der greift zur Schutzhülle von Jaxida Cover. Sie wird für Ihren Wohnwagen maßgeschneidert, sogar mit passenden Ausschnitten für Türen, Fenster und Dachluken, damit die Hülle auch beim Wintercamping als zusätzliche Isolierung auf dem Wohnwagen bleiben kann. Der Wagen kann trotzdem komplett genutzt werden. Die Schutzhülle ist aus extrem reißfestem Material hergestellt, das auch für Segelflugzeuge verwendet wird, und so gefertigt, dass sie problemlos über den Wohnwagen gezogen werden kann, selbst wenn man dabei im Rollstuhl sitzt. Ein Jaxida Cover für einen 5,50 m langen Wohnwagen kostet ca. € 1.000, ist aber etwas für das ganze Leben. Da es sich um eine Maßanfertigung handelt, sollten Sie aber auch eine gewisse Zeit für die Herstellung einplanen und nicht erst zwei Wochen vor dem Urlaub bestellen. Die Produktionszeit beträgt ca. sechs Wochen.

Informationen erhalten Sie unter 💻 www.jaxida cover.de, Ansprechpartner ist der Firmeninhaber Uli Schwenk.

Heringe

Zur Befestigung von Vorzelt oder Markise benutzt man gewöhnlich Zeltheringe. Meistens sind dies Aluminium- oder Eisenstäbe, die mit einem Hammer in den Boden getrieben werden. Es gibt sie in vielen verschiedenen Versionen und Längen. Doch Metallheringe haben einige Nachteile:

Beim Einschlagen mit dem Hammer reißen die Heringe am Kopf aus. Dadurch entstehen scharfe Kanten, die beim Verpacken die Zelthaut zerstören können. Und wer einmal barfuß auf einen Metallhering getreten ist, wird sich noch längere Zeit daran erinnern. Besonders tückisch sind die Heringe, die frühere Campinggäste stecken gelassen haben. Da keine Schnur am Hering befestigt ist, übersieht man ihn schon einmal, und wenn man dann barfuß auf solch ein „Waisenkind" tritt, gibt es richtig schlimme Wunden, die u. U. sogar genäht werden müssen. Besonders Kinder haben das Talent, diese Hinterlassenschaften aufzuspüren.

Ein weiterer Nachteil der Metallheringe ist, dass sie sich verbiegen, wenn sie einmal mit einem Stein in Berührung kommen. Man kann sie zwar wieder gerade biegen, doch der Hering „merkt" sich die Stelle und wird sich immer wieder dort verbiegen.

Die Kunststoff-Heringe von Swisspiranha (Swisspiranha)

Seit 2015 auf dem Markt sind die Heringe von Swisspiranha. Sie bestehen komplett aus Kunststoff und werden einfach mit dem Fuß in den Boden getreten. Dank kleiner Widerhaken lösen sie sich nicht so schnell und halten auch stärkere Winde aus. Der flache Kopf verschwindet komplett bis an die Graswurzel in der Erde und hat eine Aufnahme für die Abspannleine. Dadurch steht nichts mehr hoch. Und wenn einmal einer vergessen wird, ist es nicht so tragisch, da nicht viel passiert, wenn jemand darauf tritt. Natürlich verbiegen Kunststoffheringe ebenfalls, doch kann man sie wieder gerade biegen, nachdem man sie bei 160 °C im Backofen erwärmt hat. Und sie merken sich nicht, wo sie schon einmal gebogen waren (kein Memoryeffekt). Die Kunststoffheringe brechen nicht und können voll recycelt werden, bei der Herstellung wird außerdem bis zu 13-mal weniger Energie als bei einem Metallhering verbraucht. Die Heringe gibt es in verschiedenen Größen zwischen 90 mm (eher für Trekkingzelte geeignet) und 220 mm Länge (für leichte, sandige Böden). In der Regel kommen Sie mit einer Mischung aus 120 mm und 150 mm Länge aus. Ein Set aus 10 Heringen kostet dann zwischen € 16 und 18.

Alternativ gibt es auch noch sogenannte Schraubheringe aus Kunststoff oder Metall. Bekanntester Hersteller ist Peggy Peg. Die Heringe werden mit dem mitgelieferten Werkzeug in den Boden gedreht. Das ist jedoch manchmal mühsam. Sie können natürlich auch einen Akkuschrauber verwenden, doch ist der Akku meistens nicht aufgeladen, wenn man ihn braucht. Und einen Akkuschrauber mit Ladegerät mitzunehmen, nur um einmal ein paar Heringe zu befestigen, ist natürlich recht aufwendig. Ein Satz (12 Stück) Peggy-Peg-Heringe aus Kunststoff kostet ca. € 20, das Modell aus Aluminium als 4er-Set € 16,50.

Campingmöbel

Ganz sicher werden Sie im Urlaub auch mal draußen sitzen wollen. Die auf allen amerikanischen und vielen nordeuropäischen Campingplätzen vorhandenen Tisch-Bank-Kombinationen finden Sie in Deutschland und im südlichen Europa nur sehr selten, darum müssen Sie sich Ihre Campingmöbel selbst mitbringen. Ein Stuhl pro Person und ein Tisch, der groß genug ist, dass die komplette Familie daran sitzen kann, sind notwendig.

Kriterien für die Auswahl sind die folgenden: Passen die Möbel in den Staukasten und ist die Außenklappe groß genug, dass man sie einladen kann? Wenn man nur für einige Wochen zu einem Platz fährt und unterwegs nicht übernachten möchte, kann es unter Umständen auch akzeptabel sein, sie während der Fahrt im Innenraum des Wohnwagens zu verstauen. Falls Sie mit einem größeren Kombi unterwegs sind, passen sie vielleicht auch in den Kofferraum. Was wiegen sie? Und natürlich: Sind sie bequem?

Campingsessel, die eine nach hinten abfallende Sitzfläche haben, sind zum Lesen und Lümmeln schön, aber beim Essen am Tisch sitzen Sie zusammengeklappt wie ein Taschenmesser. Wenn Sie auch bequem essen möchten, achten Sie also darauf, dass die Sitzfläche relativ waagerecht ist. Zum Lümmeln wieder praktisch sind dann eine verstellbare Rückenlehne und ein einhängbares Fußteil, um die Füße hochzulegen.

Bekannte und renommierte Hersteller für Campingmöbel sind z. B. Westfield und Outwell. Beide benutzen Aluminium für ihr Rahmengestell und die Sitzfläche besteht aus schnell trocknenden Schaumstoffen, sodass auch ein Regenschauer keine Schäden verursacht. Bei Westfield haben wir die Erfahrung gemacht, dass sich die Schrauben über die Zeit lockern. Hier sollte jeweils zu Beginn der Saison einmal Hand angelegt und alles nachgezogen werden. Am besten ersetzen Sie die Muttern durch selbstsichernde oder verwenden ein Schraubensicherungsgel wie Loctite o. Ä. Oft finden Sie beide Hersteller im Campinghandel. Testen Sie einfach einmal, welcher Stuhl bequemer ist. Die Preise für die gepolsterten Stühle liegen bei ca. € 120. Etwas günstiger sind die ungepolsterten Modelle, z. B. von Dukdalf. Diese bekommen Sie bereits ab € 80. Für die meisten Modelle gibt es separate Beinauflagen, die an den Stuhl montiert werden. So kann man aus einem Sessel eine bequeme Sonnenliege machen (ca. € 50).

Als etwas spartanischere Lösung können Sie auch sogenannte „**Regiestühle**“ aussuchen, die aber keine verstellbaren Rückenlehnen haben und somit ausfallen, wenn ein Nickerchen nach dem Essen oder eine gemütliche Lesestunde anstehen. Sitzhocker sollten Sie bestenfalls für Gäste einpacken.

Wer Platz und Gewicht sparen möchte (oder zusätzlichen Sitzplatz für Gäste haben möchte), kann auch auf Faltsessel zurückgreifen. Sie eignen sich auch sehr gut, wenn man einen Ausflug (z. B. zum nächstgelegenen Angelteich) machen möchte. Hier können wir die Modelle von Robens empfehlen. Der „Pathfinder“ hat ein Packmaß von nur 32 x 12 x 9 cm bei einem Gewicht von nur etwas mehr als 900 g und ist trotzdem noch ziemlich bequem.

Campingmöbel für den Urlaub zu zweit (dg)

Für ganz kleine Camperinnen und Camper werden klappbare und höhenverstellbare **Kinderstühlchen** angeboten.

Wenn Sie nicht nur zu zweit unterwegs sind, achten Sie beim **Tisch** darauf, dass an allen vier Seiten jemand sitzen kann. Manchmal haben die Beine an den Schmalseiten des Tisches Querstreben oder die Beine verlaufen dort über Kreuz, dann kann man die Füße nicht mehr unter den Tisch stellen. Superpraktisch für ein Frühstück bei Sonnenschein sind Netze, die unter der Tischplatte eingehängt sind und hitzeempfindlichen Lebensmitteln wie Aufschnitt oder Butter einen sonnengeschützten Abstellplatz bieten. Die Beine des Tisches sollten einzeln stufenlos verstellbar sein. So haben Sie überall eine waagerechte Tischplatte. Wenn dann die Füße unten noch einen kleinen „Schuh" haben, können sie nicht im Sand versinken.

Sonst gilt das bei den Sitzgelegenheiten Gesagte: Achten Sie auf die Größe des Stauraums und der Stauklappe! Wählen Sie gegebenenfalls ein Modell, bei dem Sie nicht nur die Beine einklappen können, sondern bei dem auch die Tischplatte faltbar ist. Leider sind Letztere nicht so stabil wie die, bei denen man nur die Beine einklappt. Eine ebenfalls platzsparende Alternative sind Campingtische, bei denen die Tischplatte einfach zusammengerollt wird.

Wenn der Platz ganz knapp ist oder zusätzlich zur normalen Campingausstattung können Sie auch eine Kombination aus einem Tisch und zwei Bänken einpacken. Das Packmaß beträgt je nach Größe etwa 90 x 40 x 10 cm.

Campingtisch mit Aufbewahrungsnetz unter der Tischplatte (dg)

Im Zubehörhandel bekommen Sie **Faltschränke** für Ihr Vorzelt. Diese bestehen aus witterungsbeständigem Stoff oder Kunststoff und haben oft Einsätze aus Moskitonetz gegen Insekten. Sie wiegen je nach Größe etwa 5 bis 12 kg und sind z. B. als zusätzlicher Aufbewahrungsplatz für Lebensmittel praktisch, wenn Ihre Küche im Wohnwagen eher übersichtlich ist. Allerdings müssen Sie sie bei einem Stellplatzwechsel wieder zusammenlegen oder, wenn sie durch die Wohnwagentür ins Innere gestellt werden können, gut sichern. Die Benutzung solcher Schränke setzt außerdem immer den Aufbau des Vorzeltes voraus.

Es gibt noch weitere mehr oder weniger sinnvolle Einrichtungsteile – stöbern Sie in den Katalogen der einschlägigen Campingversandhäuser, haben Sie aber immer das Gewicht und den Aufwand beim Aufbau im Auge!

Vorzeltheizung

Vom großen Gasofen bis zum kleinen Heizlüfter gibt es auch hier viele Varianten. Sinn macht so eine Heizung aber nur, wenn Sie ein komplett geschlossenes Vorzelt haben. Unser Tipp: Ziehen Sie lieber eine warme Jacke an und benutzen Sie eine Decke, wenn es abends draußen kühler wird.

Für Bastler: Man kann an die Rohre für die Luftauslässe im Wohnwagen noch einen Abzweig einbauen und einen Anschluss nach außen (in das Vorzelt) legen. Wenn man ihn nicht braucht, verschließt man ihn mit einem Deckel, und wenn man heizen möchte, steckt man einen kleinen 12-Volt-Rohrbelüfter ein. So bekommt man die Wärme der Wohnwagenheizung in das Vorzelt. Das reicht natürlich nicht für den Winter, sondern höchstens für einen kühlen Abend im Spätsommer.

Wäscheleine

Das Spannen von Wäscheleinen zwischen Bäumen und Wagen oder Wohnwagen und Auto ist nicht auf allen Plätzen gern gesehen. Aber auch wenn Sie nicht waschen wollen: Badesachen und nasses Regenzeug müssen trotzdem getrocknet werden und im Wagen fehlt dazu der Platz. Es bieten sich folgende Alternativen an:

Möglichkeit 1: Es gibt Halter, die in die Rangiergriffe des Wagens gesteckt werden und durch die dann eine Wäscheleine gezogen wird. Die Lösung ist klein und handlich, hat aber den Nachteil, dass die Sachen an der vielleicht nicht ganz sauberen Seitenwand des Wagens schmutzig werden können (die Seitenwand also vorher säubern) und dass man die Vorrichtung, weil man sonst nicht aus der Tür kommt, nur an der Seite des Wohnwagens anbringen kann, an der weder Markise noch Vorzelt vor Regen schützen.

Möglichkeit 2: Es gibt fürs Campen kleine Wäschespinnen, die entweder einen eigenen Fuß haben, der mit Heringen im Boden befestigt wird, oder die an der Deichsel befestigt werden. Praktisch, aber natürlich etwas größer, unhandlicher und teurer, und nass werden die aufgehängten Sachen bei Regen dort auch.

Als „kleine Lösung" gibt es Wäschetrockner, die sich in ein Fenster einhängen lassen, hier hält das aufgeklappte Fenster auch mal einen Schauer ab. Natürlich können Sie sie auch unter der Markise/im Vorzelt verwenden. Auch nett: kleine, klappbare Wäschespinnen mit Haken zum Aufhängen, z. B. von Ikea oder aus dem Campingzubehörhandel. Die kann man bei schlechtem Wetter sogar über dem Bett in den Bügel der Dachhaube hängen!

Einstiegsstufe

Sie brauchen einen kleinen Tritt, um bequem in den Wagen gehen zu können. Es gibt feste Modelle, die aber ziemlich viel Platz im Staukasten brauchen, falls Sie sie beim Fahren nicht in den Innenraum stellen möchten. Bei einigen Modellen aus Metall kann man die Füße einklappen, so bleibt nur noch ein flacher Rost, der nicht viel Platz beansprucht. Auch aus Kunststoff gibt es Modelle, die sich mit einem Handgriff zu einer Platte zusammenlegen lassen.

Platten für die Stützen

Stützplatten zum Anschrauben von Emuk (Emuk)

Sinnvoll ist es, für jede Stütze ein kleines Brett dabeizuhaben. Unter die Stütze gelegt verhindert es, dass diese in Sand oder Schlamm versinkt. Aus relativ witterungsbeständiger Siebdruckplatte geschnitten (etwa 20 cm x 25 cm und 2 cm dick) halten sie ein Camperleben lang. Sie können sie sich im Baumarkt zurechtschneiden lassen. Vielleicht finden Sie mit etwas Glück auch in der Restekiste beim Holzuschnitt eine passende Platte. Im Zubehörhandel werden auch Modelle aus Kunststoff angeboten.

Der Nachteil bei diesen Platten ist, dass Sie immer halb unter den Wohnwagen kriechen müssen, um sie unter die Stützen zu legen. Im Zubehörhandel gibt es auch Stützplatten, die an die Stütze geschraubt werden. Ein Set mit vier Stützplatten und Montagezubehör sowie zwei Keilen, die ein Wegrollen des abgekuppelten Wohnwagens verhindern, kostet ca. € 45.

Alternativ bietet die Firma AL-KO die sogenannten „big foot“ an. Diese Kunststoffplatten bleiben während der Fahrt an der Stütze und klappen beim Ausfahren herunter. Ein Satz kostet allerdings fast € 100.

Wasserschlauch und Gardena-System

Für einen fest eingebauten Tank ist ein eigener Wasserschlauch sinnvoll. Denen, die auf den Plätzen manchmal vorhanden sind, würden wir nicht über den Weg trauen. Wissen Sie, ob nicht vielleicht jemand vor Ihnen damit seinen Abwassertank oder, noch schlimmer, seine Toilettenkassette ausgespült hat?

Leicht und klein zu verstauen sind Flachschlauchkassetten. Sie müssen bei der Benutzung aber komplett abgerollt werden. Zusätzlich sollten Sie Schnellkupplungen z. B. von Gardena in verschiedenen Größen dabeihaben, um für alle Schraubanschlüsse gewappnet zu sein. Schlauchstücke sind an den Flachkassetten bereits angebaut. Nur wenn Sie sich einen Schlauch „ohne alles“ kaufen, benötigen Sie diese zusätzlich. Aber Vorsicht: Kaufen Sie keinen mit Wasserstopp, hier fließt nur Wasser, wenn Sie noch eine Spritze davorbauen.

Faltkanister oder Gießkanne

Sollte kein Wasseranschluss in Reichweite sein, verhilft Ihnen eines von beiden zu Frischwasser. Nützlich zum Befüllen des Tanks ist ein Ausgießer, wie ihn auch Benzinkanister haben.

Abwasser- und zusätzlicher Wassertank

Zum Auffangen und zur späteren Beseitigung Ihres Abwassers benötigen Sie einen Abwassertank. Achten Sie darauf, dass das ausgewählte Modell unter den Ablassstutzen passt und Räder hat, damit Sie es zur Entsorgungsstation rollen können. Während der Fahrt verstauen Sie ihn im Gaskasten.

Wir empfehlen, auch bei einem fest eingebauten Abwassertank immer zusätzlich einen transportablen mitzunehmen, vor allem dann, wenn Sie nicht alle zwei Tage den Platz wechseln und an einer Entsorgungsstation vorbeifahren.

Stromkabel

Es sollte 25 m lang und für den Außeneinsatz geeignet sein. Der Querschnitt sollte 2,5 mm^2 sein. Alles Weitere, auch zu den Steckern: ☞ Die Technik/Die Elektrik.

Grill

Besonders praktisch für den Campingurlaub: der kleine LotusGrill (Lotus)

Wenn Sie zu der großen Mehrheit der Camperinnen und Camper gehören, die gerne grillen, packen Sie einen Grill ein! Ob Sie Gas oder Holzkohle lieben ist Geschmackssache. Die Auswahl an kleinen, leicht zu verstauenden Holzkohlegrills ist jedoch wesentlich größer und Sie müssen sich nicht auf die Suche nach passenden Gaskartuschen begeben – Holzkohle gibt es überall. Im einschlägigen Ausrüstungshandel finden Sie eine große Auswahl. Wir verwenden immer einen kleinen Kugelgrill, auf den wir zusätzlich eine finnische Muuriika stellen können, in der man ähnlich wie in einem Wok garen kann. Elektrogrills machen wieder zu sehr vom Strom abhängig.

Zusätzlicher Gasherd/Elektrokochfeld

Wenn Sie lieber draußen kochen möchten, benötigen Sie einen zusätzlichen Camping-Gasherd. Für einen ganz mobilen Urlaub ist das allerdings nicht zu empfehlen. Zum Herd benötigen Sie nämlich ebenfalls einen passenden Schrank, auf den Sie ihn zum Betrieb stellen können, und Sie müssen eine Gasflasche ausbauen – alles zu umständlich, um es alle paar Tage aufs Neue aufzubauen. Wenn Sie darauf trotzdem nicht verzichten möchten, können Sie sich einen Außengashahn in Ihren Wohnwagen einbauen lassen. Daran können Sie Ihren Gaskocher anschließen.

Sinnvoller ist vielleicht eine zusätzliche kleine Elektrokochplatte (Leistung max. 1,3 kW), die bei vorhandener Stromversorgung hilft, Gas zu sparen und stark riechende Speisen draußen zubereiten zu können, ohne den Grill anzumachen. Sie kann, da klein und handlich, einfach auf dem Boden oder einer Tischecke stehen.

Dachboxen

Wenn Sie mit einem kleinen und kompakten Wohnwagen unterwegs sind, empfiehlt es sich, für zusätzlichen Stauraum über eine Dachbox nachzudenken. Hier sollten aber nur sperrige leichte Teile hineingepackt werden, um den Schwerpunkt des Fahrzeugs nicht unnötig nach oben zu verlagern. Die Dachbox eignet sich z. B. für die Skiausrüstung im Winter oder das Spielzeug und die Angelausrüstung im Sommer. Eine große Auswahl an Dachboxen bietet der schwedische Spezialist Thule an (💻 www.thule.com).

Fahrradträger

Wer seine Fahrräder mitnehmen möchte, hat verschiedene Möglichkeiten, einen Fahrradträger zu montieren. Es gibt Modelle für das Autodach, die Wohnwagendeichsel oder das Wohnwagenheck. Wenn Sie am Wohnwagenheck einen Radträger montieren, sollten Sie sich auch eine Warntafel besorgen. In einigen Ländern (z. B. in Italien und Spanien) ist dies vorgeschrieben. Bei Montage auf der Deichsel überprüfen Sie bitte nach dem Beladen, ob die maximale Stützlast auch nicht überschritten wurde. Auch für Autodächer gilt eine maximale Dachlast.

Wenn Sie im Urlaub einmal ohne Wohnwagen, aber mit Fahrrädern auf dem Dach unterwegs sind, bedenken Sie bitte, dass Ihr Fahrzeug nicht in ein Parkhaus passt. Sie wären nicht der Erste, der seinen Dachgepäckträger vor einem Parkhaus „abräumt“.

Wenn die Fahrräder einmal nicht gebraucht werden (z. B. im Winter), kann man auf den Haltern eine Carry-Box anbringen und verschafft sich so bis zu 600 l zusätzlichen Stauraum. Deshalb achten Sie am besten schon beim Kauf darauf, ob sich der Fahrradträger mit einer Box erweitern lässt. Marktführer in Deutschland sind die Firmen Thule aus Schweden (💻 www.thule.com) und Fiamma aus Italien (💻 www.fiamma.com/de).

Auf der Deichsel können maximal drei Fahrräder untergebracht werden (Modell Thule Sport – Comfort). Achten Sie beim Fahren darauf, dass Sie nicht so stark einschlagen können, sonst beschädigen Sie die Fahrräder mit dem Pkw-Heck oder dieses mit den Rädern.

Einbruchschutz

Die standardmäßig von den Wohnwagenherstellern eingebauten Schlösser sind für einen erfahrenen Einbrecher kein größeres Hindernis. Deshalb gibt es im Handel stabilere Schlösser, die die Langfinger von Ihrem Eigentum fernhalten sollen. Für Stauklappen und Eingangstüren gibt es den „Door Lock“, ein recht stabil aussehendes Schloss, das mittels einer Gegenplatte an Türen oder Klappen montiert werden kann. Dabei ist es egal, ob die Klappen rechts oder links angeschlagen sind. Für die Eingangstür gibt es noch den „Security Handrail“, einen stabilen Handlauf, der neben erhöhter Einbruchsicherheit auch noch eine Hilfe beim Einstieg bietet. Beides bekommen Sie im Campinghandel.

Natürlich gibt es außerdem zahlreiche Alarmanlagen mit oder ohne Gasalarm, doch totale Sicherheit bietet ein Wohnwagen nun einmal nicht.

Es stellt sich natürlich auch die Frage, ob nicht ein gut gesicherter Wohnwagen eher Langfinger anzieht als ein Standardmodell – frei nach dem Motto „Der hat dicke Schlösser davor, da gibt es bestimmt etwas zu holen.“

Was brauche ich alles im Urlaub und wohin damit?

Eins vorweg: Wohnwagen sind keine Lastesel und das für die Fahrt zulässige Gesamtgewicht ist schnell erreicht bzw. überschritten (☞ S. 16/17). Schwere Dinge wie z. B. das Vorzelt oder das Schlauchboot gehören ins Zugfahrzeug.

Eine sehr gute Möglichkeit die Schuhe zu verstauen (d)

Was dann noch an gewichtigen Sachen übrig bleibt, muss grundsätzlich unten im Wagen verstaut werden. Nur leichte Sachen dürfen in die Oberschränke.

Und nur was Sie wirklich benötigen, wird auch eingepackt. Alle Dinge sollten ihren festen Platz haben und dort auch immer wieder verstaut werden. Im Wohnwagen stellt sich sehr schnell ein gewisses Chaos ein, wenn jeder Benutzer seine Sachen herumliegen lässt, und wenn Sie häufiger Ihren Standort wechseln, werden Sie vor dem Abfahren jedes Mal viel Zeit brauchen, bis alles wieder an seinem Platz ist.

Wenn Sie nicht penibel abwiegen und addieren wollen – Sie müssen das Leergewicht des Wagens, angebautes Zubehör, Gasflaschen, Wassertankfüllungen und die komplette Zuladung berücksichtigen –, fahren Sie nach dem ersten Packen auf eine öffentliche Waage und kontrollieren Sie das Gesamtgewicht des Wagens! In Norwegen z. B. kann es Ihnen bei der Einreise schnell passieren, dass Ihr Gewicht kontrolliert wird und dann heißt es bei einem überladenen Fahrzeug: ausladen! Da ist es doch besser, zu Hause alles noch einmal zu kontrollieren und gegebenenfalls wieder auszuladen. Wenn der Wagen erst einmal steht, ist es relativ egal, was Sie an Bord nehmen, aber für die Fahrt muss das zulässige Gesamtgewicht eingehalten werden.

Bekleidung, Handtücher und Bettwäsche

Wie viel und welche Kleidung Sie benötigen, hängt natürlich davon ab, wo Sie hinfahren, mit wie vielen Personen Sie unterwegs sind und ob Sie zwischendurch Waschtage einlegen möchten. Die Kleidung wird auf jeden Fall am besten in den Oberschränken aufbewahrt. Jeder hat ein (oder mehrere) Fächer für sich allein. Der Kleiderschrank wird bei mehr als zwei Personen vermutlich nur für die Jacken reichen, alles andere sollte sich zusammenfalten und in den Oberschränken unterbringen lassen. Auch Handtücher verstauen Sie dort. Vielleicht hat Ihr Bad sogar einen eigenen Oberschrank. Bettwäsche ist oft schwer und dann besser in einer Sitzbank aufgehoben. Uns ist bei einem nagelneuen Wohnwagen während eines Schwedenurlaubs, der uns auch einige Kilometer über ungeteerte Straßen führte, bei den Oberschränken der Boden herausgebrochen, weil wir dort unsere Reservebettwäsche verstaut hatten. Die Kräfte, die während der Fahrt auf Ihr rollendes Zuhause einwirken, sind enorm: Jedes Schlagloch überträgt sich nahezu ungedämpft auf die Einrichtung.

Einen Wäschesack für Schmutzwäsche können Sie unten in eine Sitzbank packen oder bei mehreren Personen gleich einen kompletten Kasten unter einer Bank für Schmutzwäsche vorsehen. Auch Schuhe sind in den Bänken am besten untergebracht. (Dasselbe gilt übrigens wegen des Gewichts für größere Kisten mit Gesellschaftsspielen und Bücher.) Bei Schuhen hat es sich bewährt, sie in einem Kasten direkt neben der Tür zu verstauen. Wenn dieser auch noch eine Seitenklappe oder – noch besser – einen Auszug hat und so auch von der Tür aus zugänglich ist, ist das optimal.

Geschirr, Gläser und Besteck

Ihr Geschirr von zu Hause ist nicht „wohnwagentauglich". Porzellan und Co. sind viel zu schwer und auch zu zerbrechlich für einen Wohnwagenurlaub. Erste Wahl ist hier Melamingeschirr. Es hat gegenüber billigem Kunststoffgeschirr und Porzellan viele Vorteile, die es zum optimalen Material für den Campingalltag machen. Melamin wird bei 150 bis 160 °C formgepresst und erhält dadurch eine extrem hohe Schlag- und Kratzfestigkeit. Vielleicht kennen Sie es schon von Rührschüsseln und Kochlöffeln aus Ihrer Küche zu Hause. Es gibt eine große Anzahl von Mustern und Ausführungen. Von der Espressotasse bis zum Eierbecher oder der Müslischale – Sie werden nichts vermissen. Melamin ist für die Spülmaschine, aber nicht für die Mikrowelle und den Backofen geeignet. Es gibt hier inzwischen auch Anti-Slip-Geschirr mit einer Silikonkante unten am Boden, die verhindert, dass das Geschirr rutscht.

Leider hinterlassen Tee und Kaffee relativ schnell einen braunen Belag, den Sie mit der Hand nicht mehr abwaschen können. (Nehmen Sie keine Scheuermittel, das lässt sie anschließend nur noch schneller verschmutzen.) Es gibt Spezialreiniger, die die braunen Rückstände problemlos entfernen. Gute Spülmaschinen mit gutem Geschirrspülmittel bekommen den Belag nach dem Urlaub aber auch wieder weg. Melamin ist nicht ganz so schnittfest wie Porzellan. Außerdem haben Untersuchungen leider ergeben, dass die Inhaltsstoffe von Melamin ins Essen übergehen können, wenn es länger mit kochenden Speisen in Berührung ist. Das ist jedoch höchstens bei Kochlöffeln etc., aber nicht bei Geschirr von Belang.

Bei Melamingeschirr lohnt es sich, für gute Qualität ein paar Euro mehr auszugeben, denn das macht sich letztendlich durch lange Haltbarkeit und hohe Nutzerfreundlichkeit bezahlt. Hochwertiges Melamingeschirr übersteht leicht ein ganzes Reisemobil- oder Caravanleben. Besuchen Sie einen Campingausrüster wie Berger, Movera oder Frankana oder schauen Sie in deren Kataloge oder Internetseiten – Sie werden „Ihr" Geschirr ganz sicher finden. Wenn Sie Platz genug haben, kaufen Sie nicht so wenig, dass Sie nach jeder Mahlzeit abwaschen müssen – das verdirbt die Urlaubslaune schnell, vor allem wenn man das Spülen dem Nachwuchs auftragen möchte. Wir haben als Reserve auch immer einige Einweg-Pappteller an Bord.

Wenn Sie sich mit Melamingeschirr überhaupt nicht anfreunden können und Ihre Zuladung es zulässt: Bei der Porzellanmanufaktur Kahla gibt es – eigentlich für Boote entwickelt – Porzellan mit einer Silikonkante unten, die es rutschfest macht. Es ist außerdem schwer zerbrechlich (aber nicht unzerbrechlich). Das gehört dann aber nicht mehr in den Oberschrank, sondern in einen Auszug in der Küche.

Trinkgläser aus Glas sind beim Campen auch ungeeignet – sie lassen sich nur schwer sicher verstauen und schnell fällt mal eins runter und hinterlässt gefährliche Splitter. Deshalb entscheiden sich viele Camper für Kunststoffgläser. Gläser aus Polycarbonat sind ausgezeichnet für den Campingeinsatz geeignet. Sie haben eine hohe Schlagfestigkeit, sind glasklar, temperaturbeständig bis 100 °C, spülmaschinenfest (was allerdings nur für die Endreinigung nach dem Urlaub von Interesse ist) und natürlich um einiges leichter als Glas. Letzteres werden Weinliebhaber vielleicht trotzdem vorziehen, sorgen Sie dann aber durch geeignete Einsätze in den Schränken für absolut sicheren Stand. Und schauen Sie nach schwer zerbrechlichen Gläsern, wie sie für die Gastronomie angeboten werden.

Wenn Sie mit Kindern unterwegs sind, sind stapelbare Plastikbecher in verschiedenen Farben, z. B. von Ikea, sinnvoll: günstig, leicht, unzerbrechlich und in einer Menge mitzunehmen, dass auch die neuen Urlaubsbekanntschaften Ihrer Kinder ein Glas Saft abbekommen können.

Relativ neu auf dem Markt ist Geschirr aus Bambusfasern, es soll spülmaschinenfest, langlebig und trotzdem recyclingfähig sein. In jedem Fall ist es sehr leicht und unzerbrechlich und bereits in verschiedenen Farben erhältlich. Es kostet etwa genauso viel wie Geschirr aus Melamin (und enthält auch immer einen Anteil Melamin).

Schön, leicht und umweltfreundlich: Bambusgeschirr von Gimex (Gimex)

Ein renommierter deutscher Hersteller, der neben hochwertigem Geschirr aus Melaminkunststoff auch Bambusprodukte anbietet, ist die Fa. Gimex. Sie fertigt außerdem auch stapelbare Becher und unzerbrechliche Gläser in Echtglasoptik, die gut für Ihre Campingausstattung geeignet sind.

Billiges Plastikgeschirr sollten Sie meiden, nach wenigen Tagen haben die Teller bereits tiefe Schnitte und sind kaum noch richtig sauber zu bekommen.

Verstaut wird das Geschirr in den Oberschränken der Küchenzeile.

Besteck können Sie passend zum Melamingeschirr mit Kunststoffgriffen wählen.

Sonstige Küchenausstattung

Wenn Sie im Urlaub nicht nur essen gehen möchten, sondern gern selbst kochen, benötigen Sie vieles von dem, was Sie auch zu Hause in der Küche nutzen: Gemüse-, Brot- und Fleischmesser, Schneidbretter, Rühr- bzw. Salatschüssel, Sieb und Untersetzer. Dies können Sie natürlich aus Ihrem Haushalt mitnehmen. Wir hatten unseren Wohnwagen allerdings komplett autark ausgestattet, sodass wir keine Teile vergessen konnten. (Wir nutzten den Wagen allerding sehr oft auch beruflich und wohnten dort, z. B. auf Messen.)

So brauchen die Töpfe und Pfannen wenig Platz (B/R/K)

Von den billigen Campingtöpfen würden wir abraten. Die Böden sind viel zu dünn, leicht brennt etwas an, die Töpfe verbiegen und dann passen die Deckel nicht mehr … Wir entdeckten Töpfe, die eigentlich für die Gastronomie gedacht sind. Sie sind in mehreren Größen zu bekommen (es gibt auch Pfannen) und lassen sich sehr gut ineinanderstapeln. Legen Sie aber vorsichtshalber vor allem bei der beschichteten Ausführung einen Pfannenschoner dazwischen, denn schon ein kleines Sandkörnchen könnte die Beschichtung während der Fahrt beschädigen. Die Griffe sind abnehmbar, sitzen aber bombenfest, wenn Sie sie angeklemmt haben. Die Griffe der Deckel lassen sich umklappen und ebenfalls sehr platzsparend verstauen. Der Boden ist so dick und hält die Hitze so gut, dass Sie zum Beispiel Reis oder Nudeln nur ankochen müssen und dann gar ziehen lassen können. (Funktioniert noch besser, wenn Sie den Topf in ein Handtuch wickeln und unter die Bettdecke stellen.) Dadurch haben Sie auf dem Kochfeld dann z. B. Platz für eine Pfanne. Die Töpfe heißen „Click Clack Pro“ und werden von der Firma brk hergestellt. Zu bekommen sind sie im Gastrohandel, aber auch beim Campingversandhändler Fritz Berger (☞ Anhang).

Bei den Töpfen von Ballerini lassen sich die Griffe abklappen, so kann man sie gut ineinanderstapeln (Ballarini)

Ebenfalls nicht schlecht sind die Töpfe der italienischen Marke Ballarini. Hier können Sie alle Griffe abklappen, so lassen sich die Töpfe auch gut ineinanderstapeln. Alle Töpfe sind antihaftbeschichtet. Legen Sie auch hier auf jeden Fall immer einen Pfannenschoner dazwischen.

Es empfiehlt sich, eine Packliste zu machen, wenn Sie die Dinge nicht immer im Wagen lassen möchten. Hier ist unser Vorschlag, den Sie für sich anpassen können.

- ☐ 2 bis 3 kleine Kochtöpfe mit passenden Deckeln
- ☐ Wasserkessel (Wählen Sie zum Gassparen lieber ein etwas breiteres Modell.)
- ☐ Bratpfanne mit Deckel (höchsten 24 cm Durchmesser, dafür gern etwas höher)
- ☐ Brotmesser
- ☐ großes scharfes Küchenmesser zum Schneiden von Fleisch und Gemüse
- ☐ kleines Messer und/oder Sparschäler für Kartoffeln, Karotten etc.
- ☐ Nudelsieb (Es gibt Modelle aus Silikon, die sich zusammendrücken lassen und dann nur noch wenig Platz brauchen.)
- ☐ Salatschüssel (Auch diese gibt es in gleicher Ausführung wie das Nudelsieb.)

- ☐ Kaffee/Teekanne (Am besten gleich ein Modell mit Sieb zum Kaffeepressen, das erspart einen separaten Filter. Die gibt es auch schon als Thermoskanne – so haben Sie drei Fliegen mit einer Klappe geschlagen. Sie müssen die Kannen aber anschließend immer vom Kaffeesatz befreien. Den sollten Sie keinesfalls in Ihrem Abwassersystem entsorgen.)
- ☐ Espressokanne (Die billigsten Modelle leisten ordentliche Arbeit auf dem Gasherd.)
- ☐ Messbecher
- ☐ Suppenkelle
- ☐ Auffülllöffel
- ☐ Kochlöffel
- ☐ Pfannenwender
- ☐ Schneebesen
- ☐ Kartoffelstampfer
- ☐ Grillzange
- ☐ Küchenschere
- ☐ Dosenöffner
- ☐ Korkenzieher
- ☐ sicher verschließbare Behälter für Lebensmittel (Achten Sie beim Kauf darauf, dass sie möglichst genau in Ihren Kühlschrank/ins Gefrierfach passen!)
- ☐ Brotkorb
- ☐ Brotbrett oder Schneidmatte
- ☐ Tablett (mit möglichst rutschfester Platte und hohem Rand)
- ☐ Untersetzer für heiße Töpfe
- ☐ 1 bis 2 Abwaschschüsseln (Platzsparend zu verstauen und seit Jahren bewährt sind Faltschüsseln von Ortlieb. Es gibt sie in drei verschiedenen Größen: 5, 10 und 20 l.)
- ☐ Abtropfgestell/-matte für den Abwasch
- ☐ Geschirrspülmittel
- ☐ Abwaschbürste/Spültücher
- ☐ Geschirrtuch
- ☐ Streichhölzer/Feuerzeug/Gasanzünder, um die Gasflammen am Herd zu entzünden
- ☐ Lebensmittel für die ersten Tage/Konservendosen als Notration

Je nach Schrankgröße und Gewicht der Teile können Sie die Lebensmittel ebenfalls in den Schubladen, Küchenoberschränken oder im Küchenunterschrank unterbringen.

Praktische Utensilien aus Silikon, die sich platzsparend verpacken lassen (dg)

Legen Sie vorm Beladen Anti-Rutschmatten in alle Schränke und Auszüge, das verhindert relativ zuverlässig ein Verrutschen der Teile während der Fahrt.

Auf 230-Volt-**Elektrogeräte** wie Kaffeemaschine oder Toaster sollten Sie verzichten, es macht Sie nur abhängig vom Stromanschluss und braucht viel Stellplatz im Wagen. Für nahezu alle Elektrogeräte gibt es Alternativen, die ohne Strom arbeiten und damit für Camping geeignet sind. (Ein wie früher von Hand gefilterter Kaffee schmeckt sogar noch um einiges besser als der aus den meisten Kaffeemaschinen.) Blättern Sie in Ruhe die Kataloge der im Anhang genannten Ausrüster durch. Auch Globetrotter-Läden sind eine gute Quelle.

Dies und das

Für den Gang zu den Sanitäranlagen sind aufhängbare Kulturtaschen, Bademäntel und Badelatschen sinnvoll. Für Ausflüge in die nächste Stadt oder kleine Wanderungen sollten Sie an einen Tagesrucksack denken. Für Einkäufe während des Stadtbummels ist eine kleine Kühltasche sinnvoll.

Weiter sollten Sie einpacken:

- ☐ Sanitärflüssigkeit und Zusatz zum Toilettenspülwasser, falls hierfür ein separater Tank vorhanden ist.
- ☐ Toilettenpapier (Auf Campingplätzen ist oft keines vorhanden und im Wohnwagen brauchen Sie es natürlich auch.)
- ☐ Feuerlöscher (Darauf sollten Sie keinesfalls verzichten, er gehört gut zugänglich in jeden Wagen.)
- ☐ Hausapotheke (Am besten eine „eigene" speziell für den Wohnwagen, dann kann man nichts vergessen. Die Füllung hängt auch von Ihrem Reiseziel ab. Lassen Sie sich am besten in Ihrer Hausarztpraxis beraten.)
- ☐ Reiseführer (Es wäre doch schade, wenn Sie am Urlaubsort oder während der Fahrt die wichtigsten Sehenswürdigkeiten verpassen, weil Sie nicht informiert sind. Auch ein kleiner, handlicher Wanderführer für Touren am Urlaubsort passt sicher noch in Ihren Wagen.)
- ☐ ein kleines Kochbuch speziell fürs Campen (Gut gemachte berücksichtigen, dass Sie nur eine kleine Küche mit weniger Möglichkeiten als zu Hause haben.)

  Buchtipps aus dem Conrad Stein Verlag:

  Kochen 2 – für Camper von Claudia Erben, ISBN 978-3-86686-322-4, € 8,90

  Kochen 4 – Kulinarisches aus der Kochkiste von Joey Menzel, ISBN 978-3-86686-214-2, € 8,90 (beschreibt, wie man Speisen fertig garen lassen kann, ohne das Kochfeld zu blockieren)
- ☐ Größere S Haken, um ein Badetuch zum Trocknen unter die Markise/ins Vorzelt zu hängen, um den Bademantel bei fehlenden Haken im Sanitärgebäude zu sichern, um die Tüte mit dem Leergut aufzuhängen … Sie werden unterwegs noch viele andere Einsatzmöglichkeiten entdecken.

Die Technik

(d)

Nomad

Kleine Werkzeugkiste

Folgende Werkzeuge sollten Sie für alle Fälle an Bord haben:

- ☐ Gabelschlüssel (die gängigsten Größen sind: 10, 13, 17, 19 mm)
- ☐ Wasserpumpenzange
- ☐ Schraubendrehersatz (Schlitz, PH und PZ Gr. 1 und 2)
- ☐ Kompass (zum Satellitenfinden)
- ☐ Kombizange
- ☐ Seitenschneider
- ☐ Phasenprüfer (um zu prüfen, ob Spannung an der Steckdose anliegt)
- ☐ 12-Volt-Tester (um zu prüfen, ob 12 Volt an Lampen oder Steckdosen anliegen)
- ☐ Vielfachmessgerät (als Luxusvariante zu 12-Volt-Tester und Phasenprüfer)
- ☐ Kabelschuhe mit Zange (falls einmal ein Kabel erneuert werden muss)
- ☐ Lüsterklemmen (kann man immer gebrauchen)
- ☐ stabile Schlauchschellen
- ☐ Anschlussstücke für Wasserschlauch-Schnellkupplungen in den Größen ½ Zoll und ¾ Zoll
- ☐ Teflon-Band zum Eindichten
- ☐ Gasleck-Suchspray
- ☐ Hammer
- ☐ Akkuschrauber
- ☐ Universalkleber zum Reparieren kleiner Schäden (z. B. Tec7, hier härtet der Kleber auch in der angebrochenen Kartusche nicht aus und kann weiter genutzt werden und er klebt fast alles)
- ☐ Dekaseal 8936 (Dichtungsmasse zum Reparieren von Beschädigungen und Undichtigkeiten an der Außenhaut oder bei Fenstern und Türen)
- ☐ Kartuschenpresse zum Verarbeiten des Klebers oder der Dichtmasse

Das Fahrwerk und Tempo-100-Zulassung

Anti-Schlinger-System

Die meisten Wohnwagen werden heutzutage mit einem AL-KO-Fahrwerk ausgeliefert. Je nach Länge und zulässigem Gesamtgewicht können noch diverse Extras angebaut werden. Wenn Sie einen großen und schweren Wohnwagen (ab 7,5 m Länge) haben, sollten Sie sich Gedanken über ein Anti-Schlinger-System machen. Wenn der Wohnwagen ins Schlingern gerät, werden die Räder abgebremst, ähnlich dem ESP-System im Pkw.

(Grafik: AL-KO)

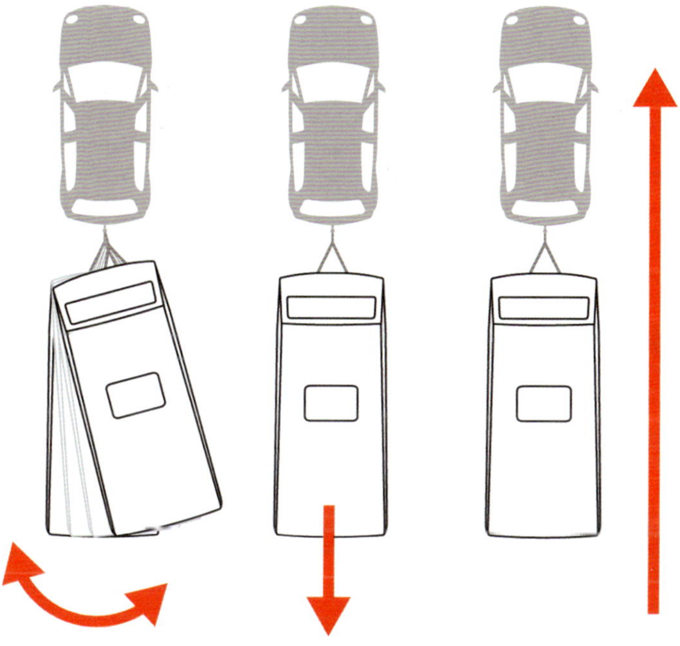

Dadurch findet der Anhänger wieder in seine Spur zurück. Dieses System kann auch nachgerüstet werden. Es kostet ca. € 750 zuzüglich des Einbaus, der in etwa zwei Stunden erledigt sein sollte. Es wird jedoch ein 13-poliger Stecker benötigt, da die Stromversorgung am 7-poligen Stecker nicht ausreicht. Es müssen also auch alle Pole am Stecker des Pkw belegt sein. Dies ist bei den meisten Autos ab Werk leider nicht der Fall, sodass ein zusätzlicher Kabelbaum von der Lichtmaschine zur Steckdose gelegt werden muss. Rechnen Sie dafür noch einmal € 100 an weiteren Kosten. Diese Investition lohnt sich aber in doppelter Hinsicht. Neben der zusätzlichen Sicherheit gibt es bei den meisten Versicherungen für das Anti-Schlinger-System einen Rabatt von bis zu € 100/Jahr. Den komplett belegten Stecker benötigen Sie ebenfalls, um während der Fahrt Ihre Bordbatterie aufzuladen.

Anti-Schlinger-Kupplung

Ein weiteres unverzichtbares Produkt für die Fahrzeugsicherheit ist die Anti-Schlinger-Kupplung. Bei Neufahrzeugen sollte sie eigentlich Standard sein und ohne Aufpreis geliefert werden. Wer noch einen älteren Wohnwagen mit einer einfachen Kupplung besitzt, sollte sich Gedanken über eine Nachrüstung machen. Die Anhängerkupplung ist die einzige Verbindung zwischen Zugfahrzeug und Anhänger. Normale Standard-Anhängerkupplungen verhindern einzig ein Lösen des Anhängers vom Zugfahrzeug, können aber Stabilitätsproblemen, die man beim Fahren mit einem Gespann oft hat, nicht trotzen. Die Anti-Schlinger-Kupplung hingegen dient als besondere Stabilisierungshilfe.

Die Anhängerkupplung ist die einzige Verbindung zwischen Fahrzeug und Anhänger (d)

Fahren mit dem Wohnwagen will gelernt sein (d)

Sie ermöglicht, dass sich die kritische Geschwindigkeit im Gespann um ca. 10-15 km/h nach oben verschiebt, das Risiko also bei gleichbleibender Geschwindigkeit durch die Schlingerkupplung erheblich verringert wird. Unerfahrene Fahrerinnen und Fahrer machen oft Beladungsfehler, die durch die Stabilitätshilfe der Anti-Schlinger-Kupplung bis zu einem gewissen Grad korrigiert werden können. Das ermöglicht, dass das Gespann gerade bei tückischen Fahrten über schlecht präparierte Straßen auch bei 100 km/h kontrolliert stabilisiert wird. Die bekanntesten Modelle sind die AKS 3004 von AL-KO und die WS 3000 von Winterhoff. Beide kosten ca. € 300 (die WS 3000 ist meistens etwas günstiger).

Tempo 100

Für eine Zulassung auf Tempo 100 ist eine Anti-Schlinger-Kupplung vorgeschrieben. Zusätzlich müssen noch hydraulische Stoßdämpfer eingebaut werden und die Bereifung darf nicht älter als 6 Jahre sein und muss mindestens der Geschwindigkeitskategorie L (= 120 km/h) entsprechen. Außerdem darf das Leergewicht des Zugfahrzeugs nicht geringer sein als das zulässige Gesamtgewicht des Caravans. Sowohl der Caravan als auch das Zugfahrzeug haben eine höchstmögliche Stützlast. Beim Beladen muss darauf geachtet werden dass der kleinere Wert eingehalten wird.

Die Tempo-100-Genehmigung gilt übrigens nur für deutsche Autobahnen und Kraftfahrstraßen. Auf Landstraßen gilt weiterhin Tempo 80 und auch im Ausland müssen Sie sich natürlich an die dort gültigen Tempolimits halten. Sonst drohen zum Teil deftige Strafen.

Tempolimits für Gespanne auf Autobahnen in:

Belgien	120 km/h (*)
Bosnien-Herzegowina	80 km/h
Bulgarien	100 km/h
Dänemark	80 km/h
Finnland	80 km/h
Frankreich	130 km/h (*)
Griechenland	80 km/h
Großbritannien	96 km/h
Irland	120 km/h (*)
Italien	80 km/h
Kroatien	80 km/h
Litauen	90 km/h
Luxemburg	90 km/h, bei Nässe nur 75 km/h
Mazedonien	80 km/h
Niederlande	90 km/h
Norwegen	80 km/h
Österreich	100 km/h

(Für Gespanne über 3,5 t zulässiges Gesamtgewicht (zGG) und für Gespanne mit einem zGG unter 3,5 t, wenn das zGG des Anhängers das Eigengewicht des Zugfahrzeugs übersteigt, gilt ein Limit von 70 km/h.)

Polen	80 km/h
Portugal	100 km/h
Rumänien	90 km/h
Schweden	80 km/h
Schweiz	80 km/h
Serbien	80 km/h
Slowakei	90 km/h
Slowenien	80 km/h
Spanien	80 km/h
Tschechien	80 km/h
Türkei	110 km/h (*)

Ungarn	80 km/h
Zypern	100 km/h

** Bei Unfällen mit deutschen Gespannen bei Geschwindigkeiten über 100 km/h muss laut ADAC immer mit Einschränkungen bei der Versicherungsleistung gerechnet werden, da Wohnwagen in Deutschland bauartbedingt nur bis 100 km/h zugelassen sind.*

Rangiersysteme

Wenn Sie einen größeren Wohnwagen besitzen, sollten Sie sich für das Rangieren auf dem Campingplatz Gedanken über ein Rangiersystem machen (kleinere lassen sich auch leicht per Hand in die richtige Position schieben). Hierbei treibt ein starker Elektromotor eine Antriebsrolle an, die direkt am Reifen anliegt und Ihren Wohnwagen zielgenau auf den Stellplatz steuert. Dabei können sogar Steigungen bis zu 25 % (je nach Hersteller und Ausführung) erklommen werden. Auch Bordsteinkanten stellen kein Hindernis mehr da. Gesteuert wird per Fernbedienung oder App.

Einfache Rangiersysteme gibt es ab ca. € 1.000 (zzgl. Einbau) Die Luxusmodelle schlagen aber auch gerne mit bis zu € 4.000 zu Buche und reißen ein gehöriges Loch in die Camperkasse. Achten Sie bei der Auswahl des Rangiersystems auf die Leistung des Motors bzw. das vom Hersteller angegebene maximale Gesamtgewicht des Anhängers. Eventuell müssen Sie auch noch in eine Batterie und ein passendes Ladegerät investieren. Dann sind schnell noch einmal zusätzliche € 700 fällig. Lassen Sie sich am besten vor dem Kauf ein Komplettangebot machen.

Sollten Sie sich für den Einbau eines Rangiersystems entscheiden, bedenken Sie aber auch, dass das Eigengewicht von Motor, Batterie und Elektronik ca. 60-80 kg beträgt und daher die Zuladung um dieses Gewicht reduziert werden muss.

Die bekanntesten Hersteller von Rangiersystemen sind die Firmen Reich mit dem Modell Easydriver, Truma mit dem Mover und AL-KO mit dem System AMS Mammut bzw. Ranger.

▷ Reich Easydriver: Das Rangiersystem von Reich gibt es als Basic-, Active-, Pro- oder Infinity-Modell für Ein- oder Tandemachser. Je nach Modell und Ausstattung können Sie Wohnwagen bis zu einem Gesamtgewicht von 3.500 kg bewegen. Die Zahlen hinter dem

Modellnamen geben die Maximallast an, für die der Motor ausgelegt ist. „1.8“ bedeutet, dass er max. 1.800 kg bewegen kann. Die Preise liegen zwischen € 1.200 und € 4.000 zuzüglich Einbau.

▷ Truma Mover: Für Einachser gibt es die Modelle Smart M (halbautomatisch, für Caravane bis 1.800 kg), Smart A (vollautomatisch, bis 2.000 kg) und XT (bis 2.300 kg) und für Tandemachser die Modelle XT2 (mit zwei Motoren, bis 2.400 kg) und XT4 (mit vier Motoren, bis 3.100 kg). Die Preise liegen zwischen € 1.100 und € 4.500.

▷ AL-KO: Von AL-KO gibt es das kleinere Modell Ranger für Einachser bis 1.800 kg und Tandemachser bis 2.300 kg sowie den Mammut für Einachser bis 2.250 kg und Tandemachser bis 3.000 kg. Den Ranger gibt es ab € 1.000, der Mammut liegt bei € 2.500.

Wer in seinen Wohnwagen keine Bordbatterie einbauen möchte, weil er z. B. nur auf Campingplätzen mit Stromanschluss steht, aber für seinen Mover Strom benötigt, kann ein Powerpack (z. B. von der Firma Reich) einbauen. Das Gerät besteht aus einer 12-Volt-Lithium-Batterie mit ca. 9 Ah und eingebautem Ladegerät. Es reicht aus, um einen 1.600-kg-Caravan bis zu 20 Minuten zu rangieren. Aufgeladen wird es mit dem zugehörigen Netzteil am 230-V-Anschluss. Das Powerpack kostet ca. € 400, wiegt aber nur 2,2 kg. Weitere Infos: ☞ Die Elektrik/Die Batterie

Wasserversorgung

Frisch- und Abwassertank

Bevor Sie sich Gedanken über die Größe des Frischwassertanks machen, sollten Sie erst einmal überlegen, wo Sie Ihre Urlaube verbringen möchten. Bevorzugen Sie es, auf einsamen Plätzen in der Weite Lapplands zu stehen, benötigen Sie natürlich einen größeren Tank, als wenn Sie auf einem 5-Sterne-Campingplatz an der Mecklenburgischen Seenplatte campieren.

Auch die Größe Ihres Wohnwagens und das zulässige Gesamtgewicht spielen eine entscheidende Rolle bei der Auswahl. Wer einen kleinen Wagen ohne eigenes Bad, nur mit Spülbecken und einem Porta Potti, besitzt, für den reicht ein kleiner Wasserkanister, der unter das Spülbecken geschoben wird. In den Kanister kommt eine kleine Tauchpumpe, die das Wasser zur Armatur hochpumpt. Besitzen Sie einen größeren Wohnwagen mit eigenem Badezimmer, sollten Sie sich schon mehr Gedanken machen, wie groß der Frischwassertank sein sollte. Dabei kommt es auf die Anzahl der Personen, die Gewohnheiten und auch die Zuladung des Wohnwagens an. Für vier Personen, die nicht auf Campingplätzen stehen wollen und selbst gerne kochen, sollten Sie einen Wassertank von etwa 60-80 l einplanen. Wenn Sie überwiegend auf Campingplätzen stehen und die Wasch- und Kochgelegenheiten dort nutzen, reicht auch ein 30- oder 40-l-Tank.

Sollten Sie Sorgen haben, dass der Tank zu klein sein könnte, können Sie sich noch ein oder zwei Faltkanister mitnehmen. So lässt sich der Wasservorrat leicht um weitere 15 l pro Kanister erhöhen. Prüfen Sie aber vorher zu Hause, ob die Kanister auch hundertprozentig dicht sind. Sonst fließen Ihnen während der Fahrt 30 l Wasser durch den Wohnwagen, was nicht sehr angenehm wäre. Sie können die gefüllten Kanister natürlich auch im Pkw transportieren.

Wenn Sie mobil urlauben, können Sie unterwegs auch einfach nachtanken, Möglichkeiten gibt es an Ver- und Entsorgungsstationen für Wohnmobile oder an Tankstellen. Dort durften wir auf Anfrage immer unseren Tank mit Frischwasser füllen.

Wenn Sie länger auf dem Campingplatz stehen, haben fest eingebaute Wassertanks einen Nachteil: Nur wenn ein Wasseranschluss mit Ihrem Schlauch erreichbar ist, können Sie gut nachfüllen, sonst heißt es: Wasser schleppen oder den Wohnwagen ankuppeln, zum Wasserhahn ziehen und tanken! Zum Nachfüllen gut geeignet sind 10-l-Kunststoffgießkannen oder Faltkanister mit einem montierten Auslaufschlauch, die in leerem Zustand wenig Platz benötigen. Flexibler sind Sie mit einem Einfülltrichter.

Je nach Größe des Frischwassertanks benötigen Sie natürlich auch noch einen Abwassertank. Hier empfiehlt es sich, ein „Wassertaxi" mit untergebauten Rädern zu benutzen. Das Taxi wird einfach unter das Ablaufrohr geschoben und sammelt das Brauchwasser auf. Sie sollten es aber regelmäßig leeren, damit ein Überlaufen vermieden wird. Eine große, stinkende Abwasserlache unter dem Wohnwagen macht sich besonders in Schutzgebieten nicht besonders gut.

Wenn Sie keine Chemie und nur biologisch abbaubare Seife benutzen, können Sie das Wasser in jede herkömmliche Abwasserkanalisation einleiten. Wenn Sie jedoch starke Chemie zum Putzen verwenden, sollten Sie den Tankinhalt vorsichtshalber in den Entsorgungsstationen für Chemietoiletten auf den Campingplätzen oder in extra ausgewiesenen Toiletten entsorgen. Leeren Sie das Taxi auch immer vor und nach dem Duschen, um

Ein Abwassertank im Bad (d)

sicher zu sein, das noch genügend Wasser aufgenommen werden kann. Es gibt auch fest eingebaute Abwassertanks, aber diese sind bei längerem Stehen auf einem Campingplatz eher unpraktisch – zum Entleeren müssen Sie den Wohnwagen ankuppeln und zur Entsorgungsstelle ziehen. Als Alternative empfiehlt sich auch hier der rollbare Abwasserkanister, den Sie gleich unter den Ablasshahn Ihres Abwassertanks stellen.

Eine gute Planung des Wasserverbrauchs hilft auch Benzin zu sparen. Wenn Sie morgens losfahren und abends die Ankunft auf einem Campingplatz planen, macht es wenig Sinn, mit 80 l (also auch 80 kg) Wasser durch die Gegend zu fahren. Nehmen Sie nur eine kleine Notreserve mit, um sich unterwegs einen Kaffee kochen oder sich kurz die Hände waschen zu können. Den Tank können Sie am Abend auf dem Campingplatz komplett auffüllen.

Wasserpumpe und Armatur

Normalerweise sind im Wohnwagen 12-Volt-Tauchpumpen eingebaut, die sich einschalten, sobald Sie einen Wasserhahn öffnen, und das Wasser zur jeweiligen Verbrauchsstelle befördern. Falls Sie Änderungen vornehmen möchten oder ein Teil seinen Geist aufgibt und Sie Ersatz kaufen müssen, haben wir einige Hinweise für Sie:

Je nach Größe liefern die eingebauten Pumpen zwischen 10 und 19 l Wasser/Minute, wobei 19 l/Min. eigentlich schon zu viel sind. Wir empfehlen eine Pumpe, die etwa 12 l/Min. fördert. Sie kostet ca. € 20. Für diese Pumpen benötigen Sie Wasserarmaturen mit eingebautem Mikroschalter. Den erkennen Sie daran, dass die Armatur zusätzlich zu den Wasseranschlüssen auch noch zwei Kabelanschlüsse hat. Wenn Sie den Hahn aufdrehen, wird ein kleiner Schalter betätigt, der die Pumpe einschaltet.

Es gibt viele Armaturen zur Auswahl (d)

Ob Sie eine Armatur aus Metall oder Kunststoff, mit oder ohne keramische Dichtungen aussuchen, entscheidet Ihr Budget. Die Preise beginnen bei € 15. Für die Küche empfehlen wir eine Armatur mit niedriger Bauhöhe und herunterklappbarem Auslauf, die während der Fahrt unter der Spülenabdeckung – falls vorhanden – verschwindet. Je nachdem, wie das Bad geschnitten ist, könnten Sie auf dem Waschbecken auch eine Armatur mit herausziehbarem Auslauf einbauen. So sparen Sie sich die zweite Armatur für die Dusche.

Trinkwasserhygiene

Wenn Sie Trinkwasser längere Zeit im Tank aufbewahren, müssen Sie sich Gedanken über eine Konservierung machen, besonders im Sommer bei höheren Temperaturen. Eine Möglichkeit ist der Einbau von UV-Tauchstrahlern. Sie zerstören die Erbinformationsübermittlung der Bakterien bei der Zellteilung, wodurch die Bakterien absterben. Das Gerät schaltet sich alle 4 Stunden für ca. 15 Minuten ein und hat eine Leistung von 12 Watt, verbraucht also kaum Strom. Leider liegen die Anschaffungskosten bei ca. € 400.

Wesentlich günstiger und genauso effektiv ist die Verwendung von Wasserzusätzen, z. B. Chlorosil oder Purosil von Multiman.

Mittel wie Purosil arbeiten auf Basis von Silberionen und sind zur Konservierung von Trinkwasser zugelassen. Die Silberionen inaktivieren Erreger von Darmerkrankungen. Dazu benötigen sie sauberes, klares Wasser und mindestens 2 Stunden Einwirkzeit. Mittel wie diese werden vor allem in Mittel- und Nordeuropa eingesetzt, um Trinkwasser haltbar zu machen und vor Wiederverkeimung zu schützen. Das Wasser ist dort von guter Qualität, die Temperaturen sind vergleichsweise niedrig und die Versorgungsleitungen in der Stadt und auf dem Land in gutem Zustand. Mit einem Fläschchen Purosil können Sie etwa 1.000 l Wasser konservieren. Es kostet € 9,95. Ähnliche Mittel gibt es natürlich auch von anderen Anbietern, z. B. argento von certisil.

Chlorosil enthält zusätzlich noch Chlor. Das Chlor desinfiziert das Wasser innerhalb von 30 Minuten und stellt keine so hohen Ansprüche an die Wasserqualität. Die Silberionen schützen das Trinkwasser in einem sauberen Tank bis zu 6 Monaten vor Wiederverkeimung. Deshalb ist Chlorosil besonders geeignet, Trinkwasseranlagen frisch zu halten und bakterielle Verunreinigungen zu vermeiden. Das Fläschchen Chlorosil zur Desinfizierung und Konservierung von ca. 1.000 l Trinkwasser kostet € 10,95. Auch andere Firmen bieten Wasserzusätze mit Chlor an (z. B. certisil combina, Berger Desinfekt Chlor). Leider riecht und schmeckt man das Chlor. Wenn wir diese Mittel verwenden, kaufen wir immer einen Kanister Quellwasser (stilles Mineralwasser in PET-Flaschen erfüllt den gleichen Zweck) zum Kaffee- und Teekochen.

Denken Sie daran, dass Wasser, das fern der Heimat aus dem Hahn kommt, nicht immer Trinkwasserqualität hat. Wasser, das außerhalb Mittel- und Nordeuropas aus dem Wasserhahn kommt, sollten Sie immer mit Misstrauen begegnen. Oft kommt es aus Zisternen, dubiosen Brunnen, von weit her über brüchige Rohrleitungen oder direkt aus dem Bach hinter dem Stellplatz, an dem Kühe und Schafe weiden. Es enthält oft Bakterien, manchmal auch Krankheitserreger, und muss desinfiziert werden, damit es nicht zu einer Gefahr für die Gesundheit wird.

Das Abkochen des Trinkwassers ist immer die sicherste Lösung, braucht aber natürlich viel Energie (Gas). Mit etwas Chemie können Sie das Problem einfacher lösen.

Eine andere Lösung besteht in dem Einsatz von Mikrofiltern. Von der Firma WM aquatec gibt es einen Filter, den Sie mit Gardena-Anschlüssen beim Befüllen des Tanks zwischen Wassertank und Schlauch einsetzen. Er ist so fein, dass Krankheitserreger wie Bakterien und Pilze zu fast 100 % entfernt werden. Der Filter kostet ca. € 150 (inkl. Versand) und das Wechselset ca. € 60. Leider dauert es eine ganze Zeit, bis das Wasser durch den Filter gelaufen ist. Bei 3 bar kommen max. 7 l Wasser pro Minute durch den Filter und alle 6 Monate (oder nach 2.000-5.000 l) sollte der Einsatz gewechselt werden.

Einmal im Jahr und in jedem Fall auch beim Kauf eines gebrauchten Fahrzeugs sollten Sie Ihre Wasseranlage reinigen. Dafür hat der Handel bereits entsprechende Produkte in einer Box zusammengestellt. Die unterschiedlichen Mittel reinigen Ihre Trinkwasseranlage, desinfizieren und entkalken den Tank und die Leitungen (☞ Es geht los!/Überwinterung und Frühjahrsinbetriebnahme). So eine Kur schlägt mit etwa € 25 zu Buche. Das sollte Ihnen ein sauberer Tank wert sein.

☺ Eine Vielzahl von Produkten zur Wasserhygiene und rund um den Wohnwagen finden Sie auf der Website 💻 www.multiman.de. Wer Mitglied in einem Caravanclub ist, erhält dort einen Rabatt von 10 %.

Die Toilette

Die meisten neuen Wohnwagen haben inzwischen eingebaute Kassettentoiletten. Das Spülwasser kommt bei einigen aus einem separaten, von außen zu befüllenden Spülwassertank. Dem Spülwasser kann man beim Füllen einen Spülwasserzusatz, z. B. MultiSan®Flush, zugeben. Er bildet in der Toilettenschüssel einen Schutzfilm, reinigt und vermeidet Beläge.

Die Fäkalientanks haben ein Fassungsvermögen zwischen 10 und 20 l. Die Toiletten haben eine LED-Anzeige, die Sie darauf hinweist, wenn der Tank voll ist. Dann darf man(n) bewaffnet mit Gummihandschuhen den Tank aus der Halterung nehmen und die Kassette entleeren. Dafür stehen an den Campingplätzen entsprechende Räume oder Kammern mit der Aufschrift „Chemical Toilet“ zur Verfügung. In Großbritannien finden Sie auch oft die Aufschrift „Elsan Point“ – die Firma Elsan gilt als Erfinder der Campingtoilette. Bitte entleeren Sie die Kassetten nur in diesen Räumen.

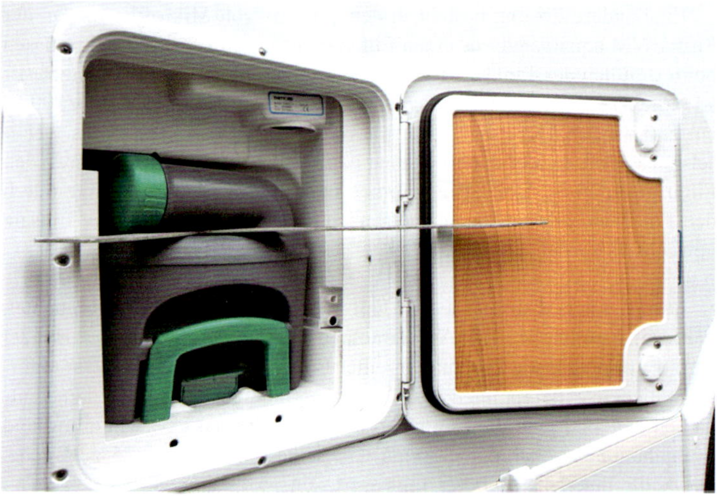

Kassette der Toilette, von außen zu entnehmen (dg)

Um Geruchsbelästigungen während des Betriebs zu verringern, bietet der Handel entsprechende Sanitärflüssigkeiten an . Immer beliebter werden inzwischen Tabs (z. B. MultiSan, ca. € 10, 1,5-l-Flasche für 50 Anwendungen), die sich gut und sauber dosieren lassen und sich in Wasser (etwa 1 Liter nach der Entleerung der Toilette einfüllen) sprudelnd auflösen. Mit etwa € 1/Tab sind sie aber viel teurer als entsprechende Flüssigkeiten. Alle Mittel sollten das Umweltzeichen „Blauer Engel" tragen. Das heißt aber trotzdem nicht, dass Sie den Inhalt Ihrer Toilettenkassette hinter den nächsten Busch kippen können! Auch die in südlicheren Ländern noch verbreiteten Drei-Kammer-System-Kläranlagen kommen mit der Chemie nicht klar und können sogar zerstört werden. Schütten Sie den Inhalt der Kassetten also bitte nur in die Chemikalientoilette!

Wer auf Chemie verzichten möchte, kann auch etwas Essig in die Kassette geben. Das riecht nicht ganz so gut wie die chemischen Mittel, erfüllt aber für einen kürzeren Zeitraum auch seinen Zweck.

☞ Es gibt ökologisch ausgerichtete Campingplätze, bei denen Sie den Tank nicht ausleeren dürfen, wenn Sie Chemie zugefügt haben. Erkundigen Sie sich am besten vor der Anfahrt nach den genauen Bestimmungen, wenn Sie sich für einen solchen Platz entschieden haben.

Relativ neu auf dem Markt ist die Komposttoilette von TomTur. Die Toilette ist mit Abmessungen von 48 x 54 x 54 cm zwar etwas größer als ein Porta Potti, man benötigt aber weder Chemie noch eine Entsorgungsstation. Wie funktioniert das? Oben ist ein Schieber eingebaut. Bei geschlossenem Schieber läuft der Urin in einen separaten Behälter. Öffnet man den Schieber, fällt der Kot in den großen Sammelbehälter, der mit Kokoserde (die es für ein paar Euro im Baumarkt gibt, z. B bei Obi für € 2 als Ziegel) gefüllt ist. Nach der Benutzung wird die Kokoserde mittels einer Kurbel umgerührt und ein kleiner Ventilator sorgt dafür, dass die restliche Feuchtigkeit entweicht. Dadurch werden Schimmelbildung und Fäulnis verhindert und es stinkt nicht. Die organischen Abbauprozesse nehmen ihren Lauf und nach ca. 40-60 Benutzungen muss neue Kokoserde eingefüllt werden. Der Inhalt des Urinbehälters wird einfach in der Natur verteilt und die gebrauchte Erde kann kompostiert werden.

So eine Komposttoilette kostet ca. € 1.000 und lohnt sich vor allem, wenn man lange autark und ohne Sanitäranschluss steht. Weitere Informationen erhalten Sie unter 💻 www.tomtur.de.

SOG-Entlüftungsanlage

Die Firma SOG-Dahmann hat ein sehr nützliches Zubehörteil entwickelt. Dabei handelt es sich um eine Entlüftungsanlage, die die Toilette völlig ohne Chemie annähernd geruchsfrei hält. Außen ist ein Kohlefilter eingebaut, der auch verhindert, dass Gerüche ins Vorzelt geblasen werden. Wenn der Kassettentank geöffnet wird, beginnt ein kleiner Ventilator zu laufen und befördert die Gerüche durch den Filter nach draußen. Dabei wird noch viel Sauerstoff in die Kassette geleitet, der eine schnellere Zersetzung der Fäkalien bewirkt.

Die Kosten für so eine Anlage liegen bei € 160. Es gibt Bausätze für die verschiedenen Toilettensysteme, der Einbau ist kein großes Problem, wenn Sie handwerklich geschickt sind.

Während der Fahrt entsteht durch die Zwangsbelüftung der Dachhaube im Bad ein Unterdruck. Dadurch können Toilettengerüche ins Innere des Wohnwagens gesaugt werden. Das kann auch ein SOG nicht verhindern, das Problem lässt sich aber am Zielort „weglüften".

Übrigens sollten Sie das Toilettenpapier nicht in die Kassette, sondern besser in einen Mülleimer oder eine Mülltüte neben der Toilette werfen. Gerade feuchtes Toilettenpapier zersetzt sich nicht so leicht und lässt sich dadurch nicht so einfach aus der Kassette entfernen. Es gibt zwar spezielles Toilettenpapier, das besonders leicht löslich ist, dieses ist aber sehr teuer: Vier Rollen kosten etwa € 3,50.

In südeuropäischen Ländern ist es in Ferienwohnungen oder älteren Hotels auch oft üblich, das Toilettenpapier nicht mit hinunterzuspülen. Vielleicht haben Sie es dort schon kennengelernt, dann ist diese Vorgehensweise für Sie nicht ganz so ungewöhnlich.

Für Wohnwagen ohne eingebaute Kassettentoilette gibt es die Möglichkeit, ein Porta Potti mitzunehmen. Dies ist eine Kassette mit aufgesetzter Toilettenbrille und einem kleinen Frischwassertank. Das Wasser wird mittels eines „Blasebalgs" aus dem Tank unter die Brille befördert. Das Porta Potti kann nach dem Gebrauch unter das Waschbecken oder in eine andere Ecke des Wohnwagens gestellt werden. Wer auch darauf noch verzichten, jedoch nicht ganz ohne Toilette fahren möchte, kann sich ein Notklo anschaffen. Dies ist ein stabiler Pappbehälter mit einer auswechselbaren Mülltüte. Die Luxusausführung gibt es auch als stabilen Metallhocker mit Tüte.

Natürlich sollte auch die Toilettenkassette zwischendurch und vor allem nach der Saison gründlich gereinigt und desinfiziert werden. Auch dafür gibt es spezielle Reiniger (z. B. MultiSan Toilettenclean, ca. € 11). Eine Flasche reicht in der Regel für die Reinigung von Toilette und Abwassertank.

Wer sich einen gebrauchten Wohnwagen anschafft und seine Toilette erneuern möchte, sollte sich im Handel nach sogenannten Refresher-Sets umschauen. Diese aus Brille und Kassette bestehenden Sets werden z. B. von der Firma Thetford für verschiedene Modelle angeboten. Die Kosten belaufen sich auf ca. € 120 (je nach Modell).

Die Gasanlage

Arbeiten an der Gasanlage sollten nur von Fachleuten vorgenommen werden. Nach jeder Arbeit an der Gasanlage ist eine Druckprüfung vorzunehmen, die Sie bei einem autorisierten Caravanhändler durchführen lassen sollten. Außerdem sollte jährlich eine erneute Gasprüfung vorgenommen werden. Im Anschluss erhalten Sie eine Plakette, auf der steht, wann die nächste Prüfung fällig ist. Einige Campingplätze schreiben in ihren AGB vor, dass nur Wagen mit gültiger Gasprüfung auf dem Campingplatz geduldet werden. Dies ist keine Schikane, sondern dient der eigenen Sicherheit.

Gasleitungen werden in der Regel aus Stahlrohr verlegt. Der Durchmesser beträgt 8 oder 10 mm. Für die Verbindung gibt es Winkel, Kupplungen oder T-Stücke. Diese Formteile besitzen konische Schneidringverschraubungen. Der Konus sorgt für die Dichtheit und der Schneidring verhindert das Herausrutschen des Rohres aus der Verschraubung.

Im Deichselkasten ist Platz für die Gasflaschen (d)

Bevor Sie sich Gedanken über den Austausch oder die Neuanschaffung eines Gasgerätes machen, müssen Sie erst feststellen, wie viel mbar der Arbeitsdruck Ihrer Gasanlage beträgt. Dazu hilft ein Blick auf den Druckminderer, der sich im Flaschenkasten befindet. Früher gab es in Deutschland fast ausschließlich 50-mbar-Anlagen, während es in den meisten anderen europäischen Ländern nur 30 mbar waren. Inzwischen schwenken aber auch immer mehr deutsche Hersteller auf 30 mbar um. Die meisten Gasgeräte gibt es für beide Druckvarianten.

Das Gas erhalten Sie in jedem Baumarkt oder bei einem Caravanhändler. Für die Erstausstattung müssen Sie sich Gedanken über die Größe und Anzahl der Gasflaschen machen. Üblich sind 5- oder 11-kg-Flaschen, die Sie einmalig kaufen müssen. Wenn Sie dann neues Gas brauchen, geben Sie einfach Ihre leere Gasflasche ab und bekommen eine gefüllte zurück. Bezahlen müssen Sie dann nur das Gas. Es gibt auch die Möglichkeit, rote Pfandflaschen zu leihen. Diese können aber nur bei den Vertriebsstellen des entsprechenden Herstellers getauscht werden. Sie können also nicht im Urlaub „mal eben" im nächsten Baumarkt ausgewechselt werden.

Noch recht selten sieht man in Deutschland Flaschen aus GFK (glasfaserverstärktem Kunststoff). Sie haben den Vorteil dass sie extrem leicht sind. Sie sind jedoch etwas höher als Metallflaschen und in Deutschland zudem recht schwer zu bekommen. In Skandinavien werden diese Flaschen jedoch fast ausschließlich verkauft. Oft werden Ihnen die Flaschen auf Caravan- und Freizeitmessen von niederländischen Verkäufern angeboten. Achten Sie beim Kauf darauf, dass die Flaschen vom deutschen TÜV geprüft wurden, und informieren Sie sich vorher, wo Sie die Flaschen tauschen können. Ein Befüllen der Gasflasche an LPG-Tankstellen ist verboten, auch wenn ein entsprechender Adapter vorhanden ist. Dies gilt im Übrigen für alle Flaschenarten, egal ob Alu, Stahl oder GFK. Nur wenn die Flasche mit einem Stahlband im Gaskasten befestigt ist und eine Füllstoppeinrichtung besitzt, gilt sie als Gastank und darf befüllt werden (☞ Tankgasflasche).

Am üblichsten sind graue Stahlflaschen. Die 11-kg-Gasflasche hat ein Leergewicht von ca. 10,5 kg. Das genaue Gewicht sollte auf der Gasflasche als „Tara" aufgedruckt sein. Eine 5-kg-Gasflasche hat ein Leergewicht von ca. 6,5 kg. Als Alternative werden auch 11-kg-Aluflaschen angeboten, die leer nur 6 kg wiegen. Diese können jedoch meistens nicht in Baumärkten getauscht werden. Während Stahlflaschen ab ca. € 40 zu haben sind, kosten

Aluflaschen ca. € 120. Wenn man das noch mal zwei rechnet (in der Regel ist man mit zwei Gasflaschen unterwegs), kommt da schon ein großer Preisunterschied zusammen. Dafür ist das Beladen mit Aluflaschen aber rückenschonender.

Wenn Sie im Sommer im Ausland campen wollen und nicht jeden Abend heizen müssen und zur Zubereitung der warmen Mahlzeiten auch mal einen Grill einsetzen, sollten Sie mit zwei vollen 11-kg-Flaschen für Kochen und Kühlschrank drei Wochen lang bequem auskommen. Da kann an dem ein oder anderen kühlen Abend auch die Heizung angeworfen werden und es reicht immer noch.

Sollte der Gasverbrauch unerwartet hoch gewesen sein, ist es oft schwierig, Gasflaschen im Ausland zu füllen oder zu tauschen, da jedes Land sein eigenes System hat und es keine einheitlichen Flaschenanschlüsse gibt. Im Handel werden sogenannte Eurosets angeboten, diese passen eigentlich für fast alle europäischen Länder. Meistens müssen Sie dann vor Ort eine neue Flasche kaufen (vielleicht gibt Ihnen die Platzwartin oder derPlatzwart auch eine Leihflasche, die Sie am Urlaubsende zurückgeben). Mit dem Euroset müssen Sie aber keinen neuen Druckminderer kaufen, sondern können Ihren alten an die neue Gasflasche anschrauben. Ein Euroset mit vier Adaptern kostet ca. € 25. Die Adapter passen für 18 europäische Länder. Die in Deutschland verwendeten Anschlüsse sollten ebenfalls in folgenden Ländern passen: Belgien, Griechenland, Niederlande, Österreich, Slowenien, Kroatien, Ungarn, Polen und Finnland. Wenn Sie Glück haben, können Sie auf großen Campingplätzen in Italien, Spanien oder Dänemark auch Gasflaschen mit deutschen Anschlüssen tauschen.

Sollten Sie auf die Idee kommen, weitere Gasflaschen im Zugfahrzeug oder im Wohnwagen bunkern zu wollen (z. B. für das Wintercamping am Nordkap), müssen diese mit speziellen Flaschenhalterungen befestigt werden. Die Halterungen gibt es im Campinghandel für ca. € 20. Die Bügel müssen fest an einer Wand montiert werden. Auf gar keinen Fall dürfen Gasflaschen „nur zwischen die Socken gesteckt werden, damit sie nicht wackeln“. Das ist verboten und kann bei einem (auch nur kleinerem) Unfall zu einer Katastrophe führen.

Statt mehrere Gasflaschen mitzunehmen, ist es viel sinnvoller, ein paar Fleecedecken für den kühleren Abend einzupacken und den Kühlschrank auf Campingplätzen mit 230-Volt-Stromversorgung auf Strom umzustellen, um dadurch Gas zu sparen.

Wenn Sie den Kühlschrank während der Fahrt in den Urlaubsort mit Gas betreiben wollen, damit die Lebensmittel nicht warm werden, muss ein Crashsensor eingebaut werden, der im Falle eines Unfalls die Gasversorgung schließt und ein Austreten von Gas verhindert. Bei Neuwagen sollte dieses sinnvolle Zubehör von vornherein eingebaut werden. Die MonoControl von Truma ist eine der am weitesten verbreiteten und kostet ca. € 130. Etwa 10 % günstiger wird meistens die Caramatic DriveOne von GOK angeboten. (Allerdings haben sie nicht alle Händler im Programm.) Beide enthalten neben dem Crashsensor auch den Druckminderer. Eine Schlauchbruchsicherung, die direkt am Gasventil der Gasflasche angeschlossen wird, muss zusätzlich beschafft werden (ca. € 20). Wenn Sie planen, im Ausland die dortigen Gasflaschen einzusetzen (zum Beispiel beim Wintercamping), können Sie für die MonoControl für das jeweilige Land passende Anschlussschläuche kaufen und brauchen nicht den kompletten Druckminderer auszuwechseln.

Das System gibt es auch als Luxusvariante DuoControl. Diese schaltet automatisch von der leeren auf die volle Flasche um.

Wenn Sie einen Gasgrill oder einen zusätzlichen Gaskocher außen vor dem Wagen einsetzen möchten, können Sie sich eine Klappe mit einem Gasanschluss einbauen (lassen). An diesen Anschluss können Sie dann den

Praktisch: Außenklappe mit Gasanschluss (Reich GmbH)

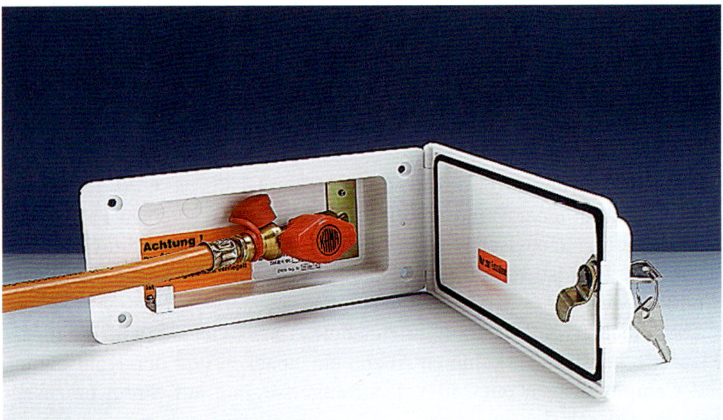

Grill oder Kocher direkt anschließen und müssen nicht immer die Gasflasche abschrauben und aus dem Staukasten schleppen, wenn gegrillt werden soll. Sie sollten nur darauf achten, dass der Grill oder Kocher den gleichen Gasdruck wie der Wohnwagendruckminderer hat. Eventuell müssen nur die Gasdüsen getauscht werden und das Gerät funktioniert auch bei dem anderen Druck. Bei Bedarf fragen Sie am besten den Hersteller, ob das möglich ist und wo Sie die Ersatzteile beziehen können. Damit der Grill oder Kocher nicht zu nah am Wohnwagen oder Vorzelt steht, sollte der Gasschlauch nicht zu kurz sein. Im Caravanhandel kann man Ihnen den Schlauch in beliebiger Länge anfertigen, wenn Sie im Zubehörshop nichts Passendes finden. Auch im Sanitärfachhandel werden solche Schläuche angeboten. Auf keinen Fall sollten Schläuche mit Schlauchschellen oder Kabelbindern selbst verbunden werden. Die Anschlüsse müssen immer fest verpresst werden, das kostet nur ein paar Cent, die Ihnen Ihre Sicherheit wert sein sollte.

Zu jeder Gasanlage gehört auch ein Block mit verschiedenen Ventilen. Dieser befindet sich meistens in der Küchenzeile und sollte immer leicht erreichbar sein. Für jedes Gasgerät und jeden Anschluss ist ein eigenes beschriftetes Ventil vorhanden. So kann das Gas für jedes Gerät einzeln abgesperrt werden. Dies hat den Vorteil, dass z. B. bei einer Reparatur oder einem Defekt nicht die ganze Gasanlage abgesperrt, sondern nur das defekte Gerät abgeklemmt werden muss.

Wenn die Gasflasche getauscht werden muss, gehen Sie folgendermaßen vor:

1. Drehen Sie die leere Gasflasche zu. (Es ist immer noch etwas Restgas in der Flasche, das sonst austritt.)
2. Lösen Sie die Überwurfmutter am Flaschenventil mit einem speziellen Reglerschlüssel (€ 5-7). Bedenken Sie dabei, dass das Flaschenventil Linksgewinde hat, d. h., die Überwurfmutter muss eigentlich „festgedreht“ werden, damit sie sich löst. Die Überwurfmutter sollte immer mit diesem Reglerschlüssel festgeschraubt werden und sich auch so wieder lösen lassen, benutzen Sie nur im Notfall eine Zange. Eventuell hilft es etwas, wenn Sie den Druckminderer oder die Schlauchbruchsicherung, die an der Überwurfmutter montiert ist, mitdrehen.

3. Schrauben Sie die schwarze Schutzmuffe wieder auf das Flaschengewinde und stecken Sie die rote Schutzkappe wieder auf das Flaschenventil.
4. Nehmen Sie bei der vollen Flasche die rote Schutzkappe herunter und lösen Sie die schwarze Schutzmuffe am Flaschenventil. Die Kappe bitte nicht entfernen, sondern am Flaschenhals hängen lassen. Nun schauen Sie sich die Dichtung am Flaschenventil an und achten auf Beschädigungen. Sollten welche sichtbar sein oder die Dichtung ganz fehlen, dürfen Sie die Flasche auf keinen Fall anschließen, sondern sollten zum Händler gehen und reklamieren. (Am besten überprüfen Sie das schon beim Kauf.)
5. Nun schrauben Sie die Überwurfmutter wieder auf das Flaschenventil (Achtung, wieder Linksgewinde!). Achten Sie darauf, dass der Schlauch weder geknickt noch verdreht wird. Die Überwurfmutter drehen Sie mit der Hand fest an und ziehen sie mit dem Reglerschlüssel fest.
6. Drehen Sie die volle Flasche auf und drücken Sie den grünen Knopf an der Schlauchbruchsicherung, damit der Gasfluss freigegeben wird.
7. Sprühen Sie mit dem Gasleck-Suchspray (Caravanhandel oder Baumarkt, ca. € 5) alle Verschraubungen im Gaskasten reichlich ab. Bei Undichtigkeit treten Blasen an den Verschraubungen auf. Dann müssen die Verschraubungen vorsichtig mit dem passenden Werkzeug nachgezogen werden. Anschließend sprühen Sie die Verschraubungen erneut ab, bis keine Blasen mehr sichtbar sind. Nehmen Sie auf gar keinen Fall eine undichte Gasanlage in Betrieb. Bitten Sie bei Problemen eventuell in der Nachbarschaft um Hilfe oder fragen Sie die Platzwartin oder den Platzwart.
8. Wenn alles dicht ist, sollten Sie die Gasanlage kurz entlüften, am besten am Herd (bis Gas kommt). Anschließend nehmen Sie alle Gasgeräte in Betrieb. Eventuell muss ein Gerät mehrmals eingeschaltet werden oder der Entstörknopf gedrückt werden, weil noch Luft in der Leitung war (Bedienungsanleitung lesen!).

Wenn kein Gas ankommt, hilft es meistens weiter, die folgenden Fragen durchzugehen:

- ▷ Wurde die Flasche richtig aufgedreht?
- ▷ Ist der Gasschlauch vielleicht geknickt?

▷ Wurde die Schlauchbruchsicherung (grüner Knopf) gedrückt?
▷ Ist die Gasflasche voll?
▷ Ist der Verteiler am Küchenblock geöffnet?

Um herauszufinden, wie viel Gas noch in der Flasche ist, werden im Caravanhandel verschiedenste Geräte angeboten. Es gibt Geräte, die per Ultraschall feststellen, wie viel Gas noch enthalten ist (Gaslevel Gasinhaltsmesser, Fritz Berger, € 26). Dabei wird das Gerät oben an die Flasche gehalten und eingeschaltet. Führen Sie das Gerät nun auf der Flasche nach unten. Wenn nun die Kontrollleuchte grün leuchtet, ist bis zu diesem Punkt noch Gas in der Flasche. Achten Sie dabei darauf, dass das Gerät nicht über Schweißstellen der Gasflasche gezogen wird.

Andere Geräte setzt man oben auf die Flaschenrundung und eine digitale Anzeige zeigt an, wie viel Gas noch in der Flasche ist, z. B. der Gasflascheninhaltsmesser GIM von Reich (ca. € 130). Die Flasche muss aber auf festem Boden stehen, damit es funktioniert. Neu auf dem Markt ist der digitale Füllstandsmesser Senso4s Plus von GOK. Die Gasflasche wird auf den Sensor gestellt und per Bluetooth verbindet sich dieser mit der App auf dem Smartphone. Der Sensor wiegt die Flasche und übermittelt das Ergebnis an die App. Dort kann man ablesen, wie viel Gas noch in der Flasche ist und wie lange es voraussichtlich noch reicht. Gleichzeitig wird durch die Sensoren geprüft, ob das Fahrzeug gerade oder schräg am Hang steht, um Fehlmessungen zu vermeiden. Auch die Temperatur im Gaskasten wird geprüft, um eine Fehlmessung auszuschließen. Ein Sensor kostet ca. € 110, die App ist gratis. Achten Sie beim Kauf darauf, dass Sie das neue Gerät mit der Bezeichnung „Plus" und den grünen Sensorfüßen kaufen. Teilweise sind auch noch Modelle des Vorgängermodells mit blauen Füßen im Handel.

Der größte Unterschied zwischen den Modellen ist, dass das „Plus"-Gerät mit den grünen Füßen fest im Gaskasten unter die Gasflasche montiert werden darf und dort bleiben kann, während das ältere Gerät jedes Mal wieder demontiert werden muss, weil es nicht explosionsgeschützt ist und auch keinen Bewegungssensor enthält. Das Gerät funktioniert bei allen Flaschenarten: bei Stahl, Aluminium oder auch bei den im Ausland so beliebten GFK-Flaschen. Es ist auch egal, ob es sich um eine 5-, 8- oder 11-kg-Flasche handelt.

Die Luxusversion gibt es von Truma. Der Gasfüllstandsanzeiger Truma LevelControl wird unter die Gasflasche gesetzt und misst per Ultraschall die Gasmenge in der Flasche. Diese übermittelt er an die iNet-Box (an der Sie natürlich auch den Kühlschrank und die moderne Heizungsanlage anschließen können) und die Box übermittelt Ihnen dann per SMS oder Bluetooth den Füllstand. Der LevelControl kostet € 299 für eine Flasche. Wenn Sie auch noch die zweite Flasche überprüfen möchten, kommen noch einmal € 150 für den zweiten LevelControl dazu.

Sie können aber auch einfach die Flasche ausbauen und langsam schwenken. Ist noch Gas in der Flasche, merken Sie, wie es schwappt. Oder Sie nehmen eine Kofferwaage (€ 10) und wiegen die Flasche. Dann ziehen Sie das Taragewicht (ist auf dem Flaschengriff eingeschlagen) ab und haben die Gasmenge ermittelt, die noch in der Flasche ist.

Es gibt auch Folien, die an die Flasche gehalten werden und die Füllstandshöhe anzeigen sollen. Das ist genauso exakt wie das Klopfen an die Flasche oder das Schwenken.

Gasflaschen-Inhaltsanzeiger (Fritz Berger)

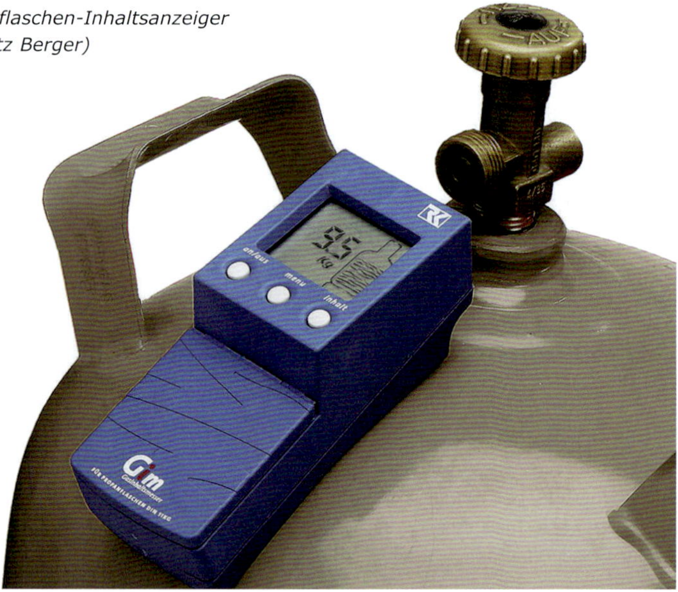

Die Kofferwaage kann man übrigens auch benutzen, um alles, was vor der Fahrt in den Wohnwagen geladen wird, zu wiegen. So schützen Sie sich vor Überladung und Geldstrafen.

Die Tankgasflasche

Wer viel im Winter oder in Skandinavien unterwegs ist und einen entsprechend hohen Gasverbrauch hat, sollte sich vielleicht Gedanken über die Anschaffung einer Tankgasflasche machen. Die Tankflasche ist genauso groß wie die normale 11-kg-Flasche, muss aber fest im Gaskasten montiert werden. Hierfür werden die „normalen" Spanngurte durch Stahlbänder ersetzt. Zusätzlich befindet sich im Inneren der Flasche ein Füllstopp. Die Tankflasche kann entweder direkt oder über einen außen angebrachten Füllanschluss betankt werden. In Europa werden vier verschiedene Adapter benötigt, damit an jeder Tankstelle mit LPG-Zapfsäule getankt werden kann. Die Tankflasche besitzt einen zusätzlichen Füllanschluss neben dem Entnahmeventil, der mit einem 80-%-Füllstopp versehen ist. Somit ist gewährleistet, dass immer ausreichend Brenngas im oberen Teil der Flasche vorhanden ist. Größter Pluspunkt ist der enorme Preisvorteil, den Sie bei LPG haben. Zurzeit liegt der Literpreis für Flüssiggas bei ca. € 0,65, d. h., der Kilopreis an der Tankstelle liegt bei ca. € 1,30. Eine 11-kg-Gasfüllung im Baumarkt liegt inzwischen bei ca. € 22, was einem Kilopreis von etwa € 2 entspricht. Wenn Sie nur eine Gasflasche dabeihaben, werden Sie diese auch nicht bis zum bitteren Ende leerheizen, sodass immer noch etwas Gas beim Tausch in der Flasche ist, während die Tankgasflasche vor der Tour gefüllt wird, auch wenn sie nur halb geleert ist. Es gibt also keinen Verlust. Und mit dem jeweiligen länderspezifischen Fülladapter entfällt die meist langwierige Suche nach einem Füllbetrieb, der Ihre Gasflasche befüllt. Kleiner Wermutstropfen ist der Preis für die Anschaffung. Der günstigste Anbieter, den wir gefunden haben, berechnet für das komplette Material (Flasche, Halter und Adapter) ca. € 200. Andere Anbieter verlangen aber auch gerne den doppelten Preis.

Wenn Sie die Tankgasflasche auf einer Caravanmesse bei ausländischen Herstellern kaufen wollen, achten Sie bitte darauf, dass die Flaschen auch in Deutschland zugelassen sind. Sonst fällt Ihr Caravan bei der nächsten Gasprüfung durch.

Die Elektrik

Bei der Neuanschaffung eines Wohnwagens bieten viele Hersteller inzwischen sogenannte Autarkpakete an, wenn es bei den Modellen nicht ohnehin schon Standard ist. Diese enthalten neben einem Wassertank auch eine kleine Batterie und ein Netzgerät, das die Batterie auflädt, sodass Sie auch ein paar Tage ohne Stromanschluss an einem schönen Platz stehen können.

Das Powerpack

Die einfachste und preisgünstigste Möglichkeit, den Wohnwagen unterwegs mit Strom zu versorgen, ist ein sogenanntes Powerpack (z. B. das MPP von Reich). Es besteht aus einer Lithium-Ionen-(LiFePO4-)Batterie inkl. des dazugehörigen Ladegerätes. Ein großer Vorteil ist auch das geringe Gewicht von nur 2 kg (inkl. des Ladegerätes). Eine vergleichbare Bleibatterie wiegt ca. 20 kg. Die Kapazität des MPP ist vergleichbar mit der einer 75-Ah-Bleibatterie. Damit kann es auch für den Betrieb einer Rangierhilfe genutzt werden. In der Praxis ermöglicht es (je nach Situation), einen 1.600-kg-Caravan ca. 15-20 Minuten zu rangieren.

Es ist ideal für Camper, die überwiegend auf einem Campingplatz mit Stromanschluss und nicht autark stehen möchten. Der Preis liegt bei ca. € 400 inkl. Ladegerät.

Die Batterie

Wenn Sie sich für eine Batterie entscheiden, sollten Sie darauf achten, dass der Wohnwagen während der Zeit, in der er nicht benutzt wird, regelmäßig an einen Stromanschluss angeschlossen wird, um eine Tiefentladung der Batterie zu vermeiden.

Wer seiner Batterie etwas Gutes tun möchte, baut noch einen Elektroblock mit einem Batterieladesystem ein. In diesem Block sind auch die Sicherungen für die unterschiedlichen Geräte und das Licht und das Batterieladesystem sorgt dafür, dass die Batterie immer im optimalen Zustand geladen bleibt. Man spricht bei der Lebensdauer der Batterie von sogenannten Zyklen. Ein Vollzyklus bedeutet, dass eine Batterie einmal komplett auf- und entladen wurde. Angenommen, eine Gelbatterie hat 500 Zyklen, kann man diese Batterie 500-mal auf- und entladen. Wird die Batterie aber nur zu 50 % entladen, verdoppelt sich die Zahl und sie kann 1.000-mal geladen werden. Die Batterieladesysteme sorgen dafür, dass die

Batterien möglichst schonend geladen werden, und Sie erreichen damit eine viel größere Zyklenfestigkeit als mit herkömmlichen Ladegeräten. Das hat natürlich auch seinen Preis. Ein Elektroblock vom Marktführer Schaudt kostet zwischen € 250 und 300.

Alternativ kann die Batterie auch ausgebaut und in der Garage oder im Keller aufbewahrt werden (trotzdem an das Ladegerät anschließen). Wer die Batterie ein Jahr lang im Wohnwagen lässt, ohne sie aufzuladen, wird eine tiefentladene Batterie vorfinden, die er dann entsorgen kann. Batterien in Wohnwagen sind für häufige Lade- und Entladevorgänge (sogenannte Zyklen) ausgelegt. Sie kennen keinen Memoryeffekt und besitzen eine geringere Selbstentladung. Trotzdem ist die Batterie nach 6-8 Wochen entladen und muss ans Ladegerät.

Keine gute Idee ist es, eine alte Autobatterie für den Wohnwagen zu benutzen. Autobatterien sind dazu ausgelegt, in kurzer Zeit viel Strom abzugeben, um den Motor zu starten – im Gegensatz zu den Batterien für den Wohnwagen, die ihre Kapazität nur ganz langsam an das Bordnetz abgeben. Der stärkste Verbraucher ist dabei der Kühlschrank, der je nach Größe etwa 40 bis 60 Watt verbraucht.

Diese Leistung entlockt Ihrem Anlasser nur ein müdes Lächeln. Allein in einem Kleinwagen hat der Anlasser bereits 1.000 Watt, in größeren Fahrzeugen zieht er auch gerne bis zu 3.000 Watt, dies aber natürlich nur kurzzeitig.

Die Größe der Batterie wird in Amperestunden (Ah) angegeben. Kleine Batterien gibt es ab ca. 60 Ah. Die gängigsten Modelle haben 85 oder 95 Ah und sollten auf alle Fälle ausreichend sein, um abends Licht zu haben und den Fernseher laufen zu lassen. Mit Benutzung der Wasserpumpe und kurzem Durchheizen mit Gebläse sollten Sie damit zwei bis drei Tage auskommen. Wenn Sie länger autark stehen wollen, können Sie eine zweite Batterie dazuschalten und verdoppeln damit Ihre Kapazität. Natürlich erhöht sich dadurch auch das Gewicht des Wohnwagens beträchtlich. Immerhin wiegt so eine Batterie zwischen 20 und 30 kg.

Wenn Sie zusätzliche Kabel im Wohnwagen verlegen wollen, achten Sie dabei auf den Querschnitt. Gerade bei Kabeln für 12-Volt-Verbraucher sollte der Querschnitt mindestens 2,5 mm^2 haben, beim Kühlschrank auch mehr. Für das 230-Volt-Netz reichen Kabel mit 1,5 mm^2. Alle Kabel sollten spannungsfrei verlegt sein und auch noch etwas Spiel haben, damit sie die Bewegungen des Aufbaus während der Fahrt ausgleichen können. Achten Sie darauf, dass keine scharfen Kanten die Kabel beschädigen können.

Als Einspeisepunkt für den Ladestrom sollte ein CEE-Stecker dienen. Klappen mit fertig eingebautem Stecker sind bei neueren Wohnwagen standardmäßig vorhanden. Falls sie bei Ihrem fehlt, können Sie sie im Caravanhandel erwerben. Zur Verbindung mit dem Stromkasten auf dem Campingplatz benötigen Sie noch ein CEE-Kabel, es sollte 25 m lang sein. Wenn Sie eine Kabeltrommel kaufen, achten Sie darauf, dass das Kabel immer ganz abgewickelt ist. Sonst springt der Schutzschalter in der Trommel heraus und Sie haben keinen Strom mehr.

Für Reisen ins Ausland empfiehlt es sich, noch einen Adapter mit einem Eurostecker zu erwerben, da nicht alle Campingplätze CEE-Steckdosen bereithalten. Nur in Deutschland und in Großbritannien sind diese beinahe flächendeckend vorhanden. Trotzdem ist es ratsam, sicherheitshalber immer einen Adapter mitzunehmen.

Klappe mit CEE-Stecker und eingebauter Schukosteckdose (dg)

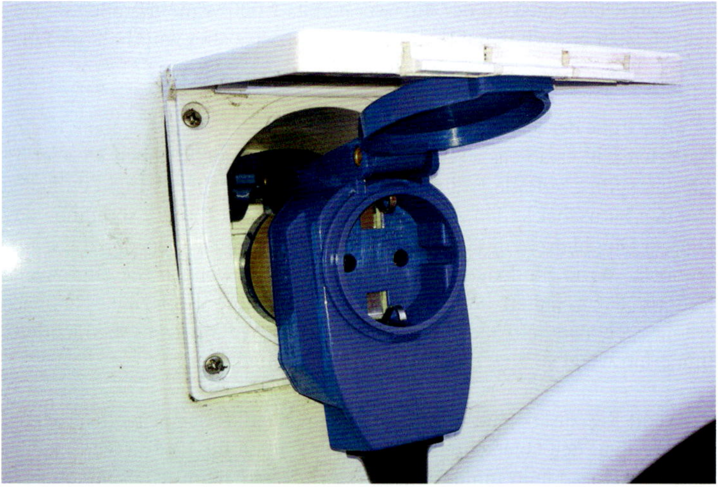

Für den Anschluss an den Wohnwagen gibt es auch CEE-Kupplungen, die eine Schukosteckdose auf der anderen Seite haben. Dies ist sehr praktisch, wenn man den Stromanschluss an der Seite montiert hat, an der das Vorzelt angebaut werden kann, denn dann hat man sofort einen Stromanschluss im Vorzelt. Betreiben Sie aber nicht zu viele Verbraucher gleichzeitig. Viele Campingplätze, besonders im Ausland, sichern ihre Steckdosen nur mit 6 Ampere ab. Das heißt, dass Ihnen maximal 6 Ampere x 230 Volt = 1.380 Watt zur Verfügung stehen. Wenn der Verbrauch höher ist, fliegt schnell die Sicherung raus und Sie stehen im Dunkeln. Sie sollten also auf den Betrieb von elektrischen Heizstrahlern und großen elektrischen Kochplatten verzichten.

Alternative Energien

Die Sonne anzapfen

Inzwischen sind auch Solaranlagen auf dem Markt, die erschwinglich sind. Durch die Massenfertigung und die starke Konkurrenz aus China hat ein starker Preisverfall im Solarmodulmarkt stattgefunden. Einfache Solaranlagen erhalten Sie bereits ab € 500. Wenn Sie mit einer Anschaffung liebäugeln, schauen Sie auch einmal bei anderen Anbietern als den Wohnwagenausrüstern. Oft können Sie dort viel Geld sparen. Die Leistung wird in Wp (Watt Peak) angegeben. Dies ist weder die Nenn- noch die Maximalleistung, sondern die Leistung, die unter Laborbedingungen mit festen Umgebungstemperaturen und gleichbleibender Bestrahlungsstärke erzielt wurde.

Wenn Sie wissen möchten, wie hoch Ihr Tagesenergiebedarf ist und wie groß dementsprechend Ihre Solaranlage sein sollte, benötigen wir die Verbrauchsstellen im Caravan und ihre jeweilige Einschaltdauer. Rechnen wir einmal mit folgenden Wattzahlen und Einschaltzeiten (die Sie natürlich für Ihren Caravan individuell anpassen können):

▷	Radio:	15 W x 4 h	=	60 Wh/d
▷	Licht (LED):	10 W x 5 h	=	50 Wh/d
	Licht (Halogen):	40 W x 5 h	=	200 Wh/d
▷	Farb-TV:	40 W x 3 h	=	120 Wh/d
▷	Sat-Receiver:	40 W x 3 h	=	120 Wh/d

W = Watt, h = Stunde, Wh = Wattstunden, d = Tag

Gehen wir von den Werten mit LED-Licht aus, benötigen wir ca. 350 Wh/d. Wenn das Gebläse der Heizungsanlage auch noch betrieben wird, kommen noch einmal ca. 20 Wh hinzu. Ein Solarmodul mit 100 Wp Leistung erzeugt an einem sonnigen Tag bei waagerechter Montage auf dem Dach ca. 400 Wh und sollte die Batterie also wieder ausreichend füllen können. Als Batterieleistung benötigen Sie eigentlich nur 33,5 Ah. Da Batterien aber nur maximal zu 50 % entladen werden sollten, erhöht sich die Leistung der Batterie auf 67 Ah. Rechnen wir noch einmal eine Leistungsreserve von einem Tag mit wenig Sonne dazu, liegen wir bei einer Batterieauslegung von ca. 95 Ah.

Neben dem Solarmodul und der Batterie benötigen Sie noch einen Solarregler.

Die Größe der benötigten Solaranlage richtet sich nach Ihrem Stromverbrauch (☞ oben) und Ihrem Geldbeutel. Der Hamburger Solarspezialist Solara bietet Solarmodule aus deutscher Fertigung zu erschwinglichen Preisen an.

- ▷ Das Solara Power Pack PP01 für Licht, Wasserpumpe, Gasheizung und Radio/TV (Einsatzzeit April bis Oktober) enthält 1 Modul mit 120 Wp (1.237 x 557 mm), Montagesatz, Dachdurchführung und Regler und kostet € 439. Zusätzlich brauchen Sie noch eine Batterie mit einer Kapazität von ca. 95 Ah.
- ▷ Wer mehr Strom braucht, z. B. für Wasserpumpe, Gasheizung, Radio/TV und Kompressorkühlschrank, nimmt das Solara Profi Pack PP02 (€ 479, Einsatz ganzjährig) mit einem größeren Modul mit 190 Wp oder das PP03 (€ 650) mit zwei Modulen mit je 120 Wp und zwei Montagesätzen, Dachdurchführung und Regler. Hierfür sollte die Batteriekapazität nicht unter 180 Ah liegen.

Natürlich muss auch genügend Platz auf dem Caravan sein, um alles unterzubringen. Außerdem darf das Gewicht der Anlage nicht unterschätzt werden (pro Modul ca. 8 kg). Wenn wenig Platz auf dem Caravandach ist, können Sie Zellen unterschiedlicher Größen kombinieren. Diese festen Module werden an einen Kunststoffspoiler geschraubt, der auf das Caravandach geklebt wird. Die Verklebung hält bombenfest. Eine zusätzliche Verschraubung im Caravandach ist nicht notwendig. Für die Kabel verkleben Sie am besten einen Kabelkanal auf dem Dach. Wenn Sie einen Kanal mit 30 mm Breite und 15 mm Höhe verwenden, haben Sie auch noch Platz für die Kabel der vollautomatischen Sat-Anlage, der Rückfahrkamera, der Klimaanlage und anderer Geräte, die sonst noch so auf dem Caravandach montiert werden können.

Montageset von Solara (Solara)

Inzwischen werden auch amorphe Zellen (einer Folie ähnlich) angeboten, die sich flexibel der Oberfläche anpassen. Diese können recht einfach, z. B. mit Saugnäpfen, auch an Rundungen angebracht werden, sie sind begehbar und verschwinden während der Fahrt im Stauraum. Vorteile dieser Zellen sind:

- ▷ geringes Gewicht (ca. 60 % leichter als konventionelle Solarmodule)
- ▷ Unabhängigkeit vom Einstrahlungswinkel der Sonne
- ▷ höhere Energieausbeute bei diffusem Licht
- ▷ geringer Montageaufwand
- ▷ kein Luftwiderstand während der Fahrt und dadurch weniger Spritverbrauch

Außerdem können diese Zellen für andere Zwecke verwendet werden, wenn der Wohnwagen nicht in Betrieb ist. Alternativ können sie auch fest auf dem Wohnwagen verklebt werden. Die Nachteile der amorphen Zellen sind der höhere Preis und der etwa 25 % geringere Wirkungsgrad bei prallem Sonnenschein. Außerdem altern sie schneller als ihre kristallinen Konkurrenten.

Und wenn die Sonne nicht scheint? – Die Brennstoffzelle

Inzwischen haben auch Brennstoffzellen die Serienreife erreicht. Viele Camper schrecken bei dem Thema „Brennstoffzelle“ zurück, weil sie noch an Preise jenseits der 5.000-Euro-Marke denken. Doch das hat sich längst geändert. Wenn Sie Ihre Brennstoffzelle gemeinsam mit einer Solaranlage betreiben, reicht oft schon die kleinste Zelle aus. Diese erhalten Sie zu Preisen ab € 2.500 von der Firma Efoy. Sie liefert etwa 80 Ah pro Tag, egal bei welchem Wetter. Als Brennstoff dient Methanol. Zehn Liter kosten ca. € 30. Es werden ca. 0,9 l für die Erzeugung von 1 kWh benötigt.

Bitte machen Sie keine Experimente mit billigerem Methanol, das Sie über das Internet einkaufen können! Nur wenn Sie die Original-Tankpatrone verwenden, funktioniert das Gerät einwandfrei. Auch die Garantie bleibt nur dann erhalten.

Solarzellen und Sat-Anlage auf einem Dach (dg)

Die Vorteile der Brennstoffzelle liegen klar auf der Hand:

- ▷ umweltfreundlich, da frei von störenden Emissionen
- ▷ extrem leise – bei fachgerechtem Einbau hören Sie fast nichts
- ▷ ganzjährig nutzbar
- ▷ vollautomatisch und wartungsfrei
- ▷ Methanol ist in 26 Ländern Europas über das Efoy-Händlernetz problemlos zu beziehen.
- ▷ Der Betrieb ist absolut geruchsneutral, es treten während des Betriebs keine Alkoholdämpfe aus.

Weitere Infos zum Thema sowie eine exakte Funktionsbeschreibung erhalten Sie auf der Internetseite der Firma Efoy (💻 www.efoy-comfort.com/de). Hier finden Sie auch eine kostenlose App mit allen Händleradressen oder eine Karte, auf der alle Händler eingezeichnet sind.

Funktionsweise der Brennstoffzelle (Grafik: Efoy)

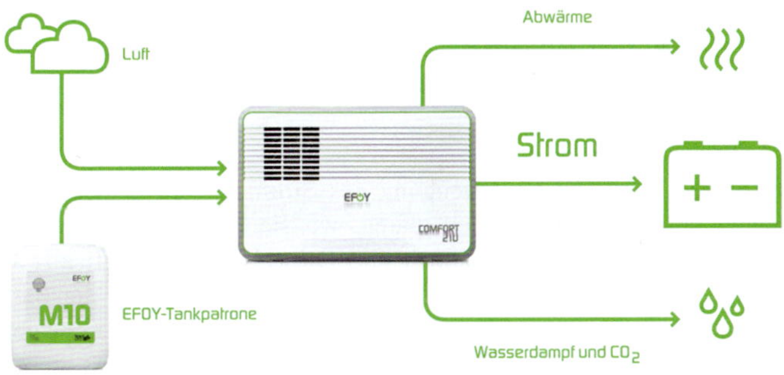

Warum nicht? – Ein Windrad

Wer oft Campingurlaub an der See macht, der weiß, dass dort genügend Wind herrscht. Warum also nicht ein Windrad an den Caravan schrauben und den Wind den Strom erzeugen lassen? Windräder mit einem Rotordurchmesser von 60 cm erzeugen bei Windstärke 6 ca. 0,5 Ah. Ein Windrad kostet ca. € 400, die seewasserfesten Modelle ca. € 600. Zu kaufen gibt es sie bei Marineausrüstern.

Wenn alles nicht ausreicht: Der Generator

Eins vorab: Der Generator hat wegen seiner Lautstärke auf Campingplätzen nichts zu suchen, sondern sollte nur von Campern verwendet werden, die in einsamer Gegend alleine stehen. Und wenn wir von Generatoren reden, meinen wir nicht diese stinkenden Zweitakter, die Sie für € 80 bei eBay kaufen können. Mit diesen Geräten können Sie gerade ein Handy aufladen, aber nicht die Stromversorgung für einen Caravan sicherstellen.

Gute Generatoren kosten € 1.000 und mehr, besitzen einen voll gekapselten Viertaktmotor und erfüllen inzwischen sogar die besonders strengen Abgasnormen aus Kalifornien. Die Geräte haben einen Geräuschpegel von erträglichen 52 bis 57 Dezibel (A) in 7 m Abstand. Wenn man noch etwas weiter entfernt ist, kann man sie selbst in absolut stiller Natur kaum noch hören. Marktführer auf dem Gebiet ist Honda. Das Modell EU 10i hat eine Leistung von 1.000 Voltampere und wiegt 13 kg. Der Tankinhalt von 2,3 l reicht für 4,5 bis 8 Stunden, je nachdem, wie viel Strom benötigt wird. Er kostet ca. € 1.000, also etwa halb so viel wie eine Brennstoffzelle. Dafür haben Sie allerdings einen Benzinmotor im Stauraum, der seinen Duft im ganzen Wohnwagen verbreitet. Das geht auch nicht mit „eben mal lüften“ wieder heraus. Packen Sie den Generator nebst Kanister wenn möglich in den Gaskasten. Beachten Sie jedoch die maximale Stützlast.

☺ Strom sparen

Genauso wichtig wie die Erzeugung des Stroms ist auch der sparsame Umgang damit. Die Hersteller sparen, wo sie nur können, und bauen immer noch gerne Halogenlampen ein. Diese sollten Sie auf alle Fälle ersetzen. Wenn Sie abends noch gerne lesen möchten, kann die Batterie schnell in die Knie gehen. Immerhin verbraucht eine Halogenlampe genauso viel Strom wie ein Kompressorkühlschrank. Und wenn vier Lampen an der Sitzecke und zwei Lampen im Raum leuchten, kommen schnell 300 Watt zusammen. Bei 12 Volt macht das in 4 Std. schon stolze 14,5 Ah. Wenn zusätzlich der Kühlschrank läuft und auch noch das Heizgebläse angeworfen wird, ist die Batterie am nächsten Morgen leer.

Hier lohnt sich allemal die Umrüstung auf sparsame LED-Leuchtmittel. Diese verbrauchen nur 10 % der Energie von Halogenlampen und längst gibt es sie auch schon mit einem recht angenehmen, warm-weißen Licht in ausreichender Helligkeit.

12-Volt-Steckdosen

Leider konnte man sich auch bei den 12-Volt-Steckdosen nicht auf ein einheitliches Maß einigen. Es gibt noch die großen (deutschen) Steckdosen (z. B. Zigarettenanzünder) mit 21 und die kleineren (internationalen) Steckdosen mit 12 mm Durchmesser. Inzwischen bauen die meisten Wohnwagenhersteller nur noch die kleineren internationalen Steckdosen ein. Diese haben den Vorteil, dass der Stecker besser sitzt und ein gleichmäßig guter Kontakt besteht. Dies ist beim herkömmlichen Zigarettenanzünder nicht immer der Fall und durch schlechten bzw. Wackelkontakt können sich die Stecker sehr stark erwärmen. Neuere Geräte mit 12-Volt-Anschluss besitzen meistens einen Stecker mit einem roten Plastikaufsatz vorne. Wenn Sie diesen entfernen, passt der Stecker in eine internationale Steckdose, mit Aufsatz in einen Zigarettenanzünder. Für alle anderen Geräte gibt es nur die Möglichkeit, mit einem Adapter zu arbeiten oder den Stecker auszuwechseln.

In allen Steckern sollten eigentlich auch Sicherungen eingebaut sein. Sollte also ein Gerät einmal nicht funktionieren, überprüfen Sie bitte erst einmal, ob die Sicherung im Stecker noch in Ordnung ist. Falls sie defekt ist, tauschen Sie sie bitte nur gegen ein gleich starkes Modell aus.

Deutscher Standardstecker (dg)

Universalstecker (dg)

Ladegeräte ohne 12-Volt-Anschluss

Wer seinen Laptop oder seinen Tablet-PC mit in den Urlaub nimmt, will natürlich wissen, wie er den Akku im Wohnwagen wieder aufladen kann. Auch der Akku von Handy oder Digitalkamera wird vermutlich nicht den ganzen Urlaub lang durchhalten.

Selbstverständlich gibt es die Möglichkeit, vom Hersteller Ladegeräte für 12-Volt-Steckdosen zu kaufen. Dies ist jedoch die teuerste Methode, da die Ladegeräte bei einem Laptop-Wechsel meistens auch erneuert werden müssen. Viele Smartphones und Tablet-PC werden inzwischen über einen USB-Stecker aufgeladen. Hierfür gibt es im Zubehörhandel die passenden Steckdosen zu kaufen, die problemlos an das Bordnetz angeschlossen werden können. Wer 230-Volt-Steckdosen benötigt, kann sich sogenannte Wechselrichter kaufen. Diese werden an eine 12-Volt-Steckdose angeschlossen und wandeln den Strom in 230-Volt-Wechselstrom um. Sie sollten jedoch darauf achten, dass das Gerät auch über eine entsprechende Leistung verfügt.

Die Kosten liegen bei mindestens € 200. Um Schäden an den angeschlossenen Geräten zu vermeiden, sollten Sie noch darauf achten, dass die Geräte eine reine Sinusspannung erzeugen und keine modifizierte. Nur bei einer reinen Sinusspannung ist eine gleichmäßige Stromversorgung gewährleistet.

Wenn Sie auf einem Campingplatz stehen und festen Stromanschluss haben, können Sie natürlich einfach Ihre normalen Ladegeräte benutzen.

Der Kühlschrank

In Wohnwagen werden zwei verschiedene Kühlschranktypen eingebaut. Kleinere Kühlschränke arbeiten oft nach dem Kompressionsverfahren, größere nach dem Absorptionsverfahren. Absorberkühlschränke funktionieren mit Gas und Strom, Kompressorkühlschränke nur mit Strom.

Der Kompressorkühlschrank

Kühlschränke, die nach dem Kompressionsverfahren arbeiten, benutzen meistens das Kältemittel Freon (CF2C12). Der Verdampfer befindet sich im Inneren des Kühlraums, im Verdampfer ist das flüssige Kältemittel. Dieses nimmt die Wärme im Kühlraum auf und wird dabei gasförmig, im Kühlschrank wird es kalt. Der Kompressor, der sich außerhalb des

Kühlraums befindet, saugt das gasförmige Kältemittel an und befördert es in den Kondensator. Dieser befindet sich auf der Rückseite des Kühlschranks. Er hat zahlreiche Kühlrippen, die bei Betrieb warm werden. Das Kältemittel kann aus dem Kondensator nur über ein sehr dünnes Kapillarrohr entweichen, durch das der Kompressor es hindurchpresst. Durch den hohen Druck wird das Kältemittel erwärmt. Weil die Kühlrippen nun kälter sind als der Dampf, kommt es zu einer Kondensation und der Dampf wird flüssig. Die dabei frei werdende Wärme wird über die Kühlrippen an die Umgebung abgeben. Nachdem das nun flüssige Kühlmittel durch das Kapillarröhrchen gedrückt wurde, wird es in ein größeres Rohr geleitet. Dadurch nimmt die Temperatur stark ab und das Kältemittel gelangt, mit niedrigem Druck, wieder in den Verdampfer. Der Kreislauf beginnt von Neuem. Dies wiederholt sich so oft, bis das Thermostat im Kühlschrank den Kompressor ausschaltet. Wenn der Kompressor läuft, erkennen Sie dies an einem leisen Summen.

Der Absorberkühlschrank

Das gebräuchliche Kältemittel für Absorberkühlschränke ist Ammoniak (NH3), das von Wasser leicht aufgenommen (absorbiert) wird.

Wie beim Kompressorkühlschrank gelangt das Kältemittel in flüssigem Zustand in den Verdampfer, in dem sich das „Hilfsgas" Wasserstoff befindet. Hier erreicht das Ammoniak den zum Verdampfen erforderlichen geringen Druck, dem Kühlraum wird nun Wärme entzogen. Der Absorber enthält Wasser, das die Eigenschaft besitzt, gasförmiges Ammoniak aufzunehmen. Dieses Wasser saugt den Ammoniakdampf aus dem Verdampfer. Dadurch kann dort weiteres Ammoniak zu Gas werden und es wird kalt im Kühlschrank. Das ammoniakhaltige Wasser wird nun in einen „Kocher" geleitet. Hier wird es mittels einer elektrischen Heizung (wenn der Kühlschrank über Strom läuft) oder einer Gasflamme (wenn der Kühlschrank über Gas läuft) verdampft. Der Gasbrenner ist mittig unter dem Kocher angebracht.

Wenn der Wohnwagen vorn oder hinten höher steht, schlägt die Gasflamme nur an den vorderen bzw. hinteren Bereich des Kochers an und kann nicht so effektiv heizen. Deshalb ist es wichtig, den Wohnwagen immer möglichst gerade auszurichten.

Ein typischer Wohnwagenkühlschrank (Dometic WAECO)

Das gasförmige Ammoniak wird nun in den Kondensator geleitet und das vom Ammoniak befreite Wasser läuft in den Absorber zurück. Auch hierfür ist es wichtig, dass der Wagen gerade steht, da Wasser in den seltensten Fällen bergauf läuft. Im Kondensator gibt das erhitzte Ammoniak seine Wärme über die Kühlrippen an die Umgebung ab und gelangt anschließend wieder in den Verdampfer, wo der Kreislauf erneut beginnt. Sollte der Kühlschrank nicht ausreichend kühlen, überprüfen Sie am besten als Erstes, ob der Wohnwagen richtig ausgerichtet ist.

Bei hohen Umgebungstemperaturen (über 30 °C) sollte – egal welcher Kühlschranktyp – zusätzlich Frischluft an die Kühlrippen gebracht werden. Dazu können von innen Lüfter an die Belüftungsschlitze montiert werden, die einen Wärmestau verhindern.

Absorberkühlschränke haben den Nachteil, dass sie etwa dreimal so viel Energie benötigen wie Kompressorkühlschränke. Dafür funktionieren sie allerdings mit Strom (12 V oder 230 V) oder Gas. Im Gasbetrieb kühlen sie jedoch am besten. Je nach Größe haben sie zwischen 100 und 170 Watt. Der Gasverbrauch liegt zwischen 18,5 und 22 g/h, kleine Kühlschränke kommen auch mit 15 g/h aus. Einen mittelgroßen Absorberkühlschrank können Sie also ca. drei Wochen lang mit einer 11-kg-Gasflasche kühlen. Aufgrund des hohen Stromverbrauchs empfiehlt es sich nicht, während der Fahrt den Kühlschrank auf 12 Volt zu betreiben, auch nicht, wenn die Batterie über die Lichtmaschine nachgeladen wird. So viel Energie erzeugt die Lichtmaschine nicht und die Bordbatterie ist bei der Ankunft leer. Wenn Sie eine MonoControl-Gasarmatur eingebaut haben, können Sie den Kühlschrank auch während der Fahrt auf Gasbetrieb laufen lassen. Je nachdem wie der Wind steht, sollten Sie jedoch gelegentlich kontrollieren, ob die Gasflamme noch brennt. Neuere Kühlschränke schalten automatisch auf die beste Energiequelle um.

Auf Fähren muss die Gasflasche grundsätzlich zugedreht werden und ein Kühlen mit dem Absorberkühlschrank ist nicht möglich. Wenn Sie z. B. frischen Fisch aus Skandinavien mitbringen wollen, sollten Sie in eine Kompressorkühlbox investieren, die Sie während der Überfahrt laufen lassen können. Auf manchen Fähren (z. B. auf denen der norwegischen Color Line) gibt es auch die Möglichkeit, Kühlboxen oder Tiefkühlfächer zu mieten. Erkundigen Sie sich bei Bedarf vor der Abfahrt bei Ihrer Fährgesellschaft, wie es dort ist.

Die Heizung

Seit 1961 wird in fast alle Wohnwagen, die eine Heizung haben, die Trumatic von Truma eingebaut. An der Technik hat sich seitdem nicht viel geändert. Die Luft, die zur Verbrennung notwendig ist, holt sich die Heizung durch einen Ausschnitt im Fußboden von außen, die verbrannte Luft wird über einen Metallschlauch über das Dach wieder hinausgeleitet. Somit strömen während des Betriebs keine Abgase in den Raum und es wird dem Wohnraum auch keine Verbrennungsluft entzogen. Wenn es trotzdem, gerade am Anfang des Betriebs, etwas komisch riecht, liegt es daran, dass der Staub, der auf den Heizrippen liegt, verbrennt. Das legt sich aber nach kurzer Zeit wieder.

Die meisten Wohnwagen sind mit einer Truma-Heizung ausgestattet (d)

Während das Gas-Luft-Gemisch früher durch eine Zündflamme entzündet wurde, geschieht dies heute durch eine elektrische Zündung mit einer 1,5-Volt-Batterie.

Die Heizung gibt es in drei Leistungsstufen. Die S2000 ist für besonders kleine Caravane gedacht und hat 1.850 Watt, die S3004 hat 3.500 Watt, die S5004 6.000 Watt. Der Gasverbrauch der Truma 2000 liegt zwischen 50 und 170 g/h, der Verbrauch der 3004 liegt zwischen 30 und 280 g/h und bei der Truma 5004 sind es zwischen 60 und 480 g/h. Für die große Trumatic gibt es als Zubehör auch eine Abdeckung, die ein Kaminfeuer simuliert. Da wird es erst richtig gemütlich.

Geregelt wird die Heizung über ein eingebautes Thermostat. Damit Sie die Heizung auch im Dunkeln bedienen können, hat die neueste Generation einen Berührungssensor, der den Bedienknopf bei Berührung beleuchtet und nach 20 Sekunden wieder abschaltet. Die Heizung ist normalerweise unter dem Kleiderschrank eingebaut. Die Blende mit dem Bedienknopf steht außen davor.

Heizungsregler (d)

Um die Wärme im Wohnwagen zu verteilen, wird hinter die Trumatic ein Gebläse eingebaut. Daran werden Schläuche angeschlossen, die hinter den Sitzbänken und Stauräumen verlaufen und über Auslassöffnungen die warme Luft im Wohnwagen verteilen. Am Gebläse befindet sich ein Hebel. Hier können Sie einstellen, ob mehr warme Luft nach vorne oder nach hinten geleitet werden soll. Das Gebläse wird mittels eines Thermostats geregelt und benötigt Strom. Je nach Ausführung gibt es sie mit 12-Volt- oder mit 230-Volt-Anschluss. Wenn möglich, wählen Sie die 12-Volt-Variante. Die ist zwar etwas teurer, doch dafür funktioniert sie auch ohne Stromanschluss über die Batterie. Der Stromverbrauch liegt zwischen 0,2 und 1,2 A und damit im unteren Bereich.

Für das Trumavent-Gebläse gibt es auch noch ein Komfortpaket mit Airmix (ca. € 75 im Zubehörhandel). Dabei wird noch Frischluft von außen angesaugt, sodass Sie ein besseres Raumklima haben. Im Sommer können Sie auch auf nur Frischluft umstellen und so am Abend kühlere Luft in den Wohnwagen blasen. Wenn Sie auch Ihr Vorzelt heizen möchten, können Sie noch ein Zusatzpaket kaufen. Es wird eine Klappe nach außen eingebaut, durch die das Vorzelt mit warmer Luft versorgt wird. Ein einfaches Ventil regelt die Luftzufuhr.

Wenn Sie einen Crashsensor in der Gasversorgung haben, können Sie die Heizung auch während der Fahrt betreiben und der Wohnwagen ist (besonders im Winter) kuschelig warm, wenn Sie am Campingplatz ankommen.

Warmwasser

Vielleicht benötigen Sie auch warmes Wasser im Wohnwagen. In diesem Fall können Sie die Heizschläuche, die die warme Luft im Wohnwagen verteilen, durch eine Truma-Therme hindurchleiten. Das ist ein runder Edelstahlbehälter mit 5 l Inhalt. Natürlich wird das Wasser damit nicht richtig heiß. Es ist zwar ein zusätzlicher elektrischer Heizstab eingebaut, dieser hat jedoch auch nur 300 Watt und es dauert ca. 1 Stunde, bis er die 5 l Wasser auf 50 °C aufgeheizt hat.

Boiler der Firma Truma (Truma)

Wenn Sie im Wohnwagen duschen möchten, kommen Sie um die Anschaffung eines zusätzlichen Boilers nicht herum. Die gasbetriebenen Modelle gibt es mit 10 bzw. 14 l Inhalt, sie sind für eine Dusche völlig ausreichend. Die Boiler gibt es ab ca. € 650 im Zubehörhandel. Dazu müssen Sie noch die Montage rechnen. Es muss eine Gasleitung verlegt werden und für das Abgas und die Verbrennungsluft muss ein Loch in die Außenwand geschnitten werden. Bis die 10 l auf 70 °C aufgeheizt sind, dauert es ca. 30 Minuten. Der Verbrauch liegt bei 120 g/h.

Die Boiler gibt es auch mit elektrischem Anschluss oder als Kombigerät mit Strom und Gasanschluss. Wenn Sie immer ausreichend Strom haben, können Sie auch die Elektrovariante wählen. Der Heizstab hat 850 Watt und benötigt 70 Minuten, um das Wasser auf 70 °C zu erwärmen. Sie sparen sich so die etwas aufwendige Installation des Gasboilers.

Wenn Sie mit dem Gedanken spielen, sich einen neuen Wohnwagen zuzulegen, können Sie auch die eher aus Wohnmobilen bekannten Truma-Combi-Modelle direkt ab Werk einbauen lassen. Hier haben Sie Heizung und Warmwasserboiler in einem Gerät.

Die Modelle gibt es mit 4.000 oder 6.000 Watt Heizleistung und sie kosten mindestens € 1.650. Die Geräte haben drei Heizstufen. Der Gasverbrauch liegt bei 160 g/h bei Stufe 1 bzw. 320 g/h oder 480 g/h bei den Stufen 2 und 3.

Bedienung

Bedient werden die Heizungen mithilfe eines Bedienpanels. Hier können Sie mit einem Drehschalter die Temperatur einstellen und eventuell das Gebläse ein- und ausschalten und die Drehzahl regeln. Zusätzlich wird Ihnen noch angezeigt, ob das Gerät in Betrieb ist oder Störungen vorliegen. Wenn die Störungslampe leuchtet, sollten Sie als Erstes prüfen, ob die Gasflasche aufgedreht ist und ob sich auch noch Gas in der Flasche befindet, danach das Gerät einmal neu starten. Der Boiler und die Combitherme reagieren auch auf Schrägstand des Wohnwagens allergisch. Eventuell muss also auch der Wagen besser ausgerichtet werden.

Die Trumatic wird direkt am Gerät geregelt.

Selbstverständlich gibt es mittlerweile auch Apps, die es Ihnen ermöglichen, Ihre Heizung anzuwerfen, während Sie noch gemütlich im Restaurant sitzen. Dann ist Ihr rollendes Zuhause bei der Rückkehr schon schön warm.

Anzeigegeräte

Neben dem Bedienungspanel der Heizungsanlage gibt es im Wohnwagen auch noch andere Anzeigegeräte. Sinnvoll ist es, wenn der Hersteller alle an einen Platz gebaut hat und Sie nicht den ganzen Wohnwagen nach den verschiedensten Anzeigen absuchen müssen. Achten Sie bei der Übergabe des Wagens darauf, dass Ihnen die Anzeigen gezeigt und erklärt werden. Folgende Anzeigen sind sinnvoll:

- Wasserstandsanzeige des Frischwassertanks. Die Anzeige erfolgt normalerweise in fünf Stufen von leer bis voll.
- Ladezustand der Batterie (12 Volt ist fast leer, 14 Volt ist voll.)
- Stromverbrauch in Ampere (Damit können Sie berechnen, wie lange Sie noch Strom haben.)

- ▷ Wenn Sie einen eingebauten Abwassertank haben, sollte auch dieser ein Anzeigegerät besitzen.
- ▷ Füllstandsanzeige der Toilettenkassette (befindet sich meistens direkt an der Spültaste). Bei Thetford-Toiletten finden Sie hier eine farbige LED-Anzeige. Grün ist okay, bei Gelb passen maximal noch ein bis zwei Toilettengänge hinein und bei Rot läuft der Tank schon fast über. Hier könnte man sich auch einmal etwas anderes einfallen lassen bzw. den gelben Sensor bereits bei einer ¾-Füllung anspringen lassen.

Fernseher und Satellitenanlage

Wer auch im Urlaub die Olympischen Spiele, die Fußball-WM bzw. -EM oder einfach die heimischen Nachrichten sehen möchte, muss sich über die Anschaffung eines Fernsehers Gedanken machen. Ob Sie diesen Fernseher beim Caravanhändler oder beim Discounter erwerben, bleibt Ihnen überlassen. Ein paar Hinweise zur Wahl des Modells finden Sie bereits im Kapitel ☞ Die Möbel/Fernseher. Wichtig ist zudem noch die Voltzahl: Falls Sie davon ausgehen, dass Sie nur auf Campingplätzen mit festem Stromanschluss stehen werden, müssen Sie beim Stromanschluss nichts beachten, ansonsten sollten Sie ein Modell wählen, das mit 12 Volt läuft. Dies erkennen Sie häufig daran, dass das Netzteil außen (separat) liegt. Auf dem Netzteil ist die Eingangs- und Ausgangsspannung angegeben. Meistens müssen Sie nur das Netzteil weglassen und schließen den Fernseher direkt an Ihre 12-Volt-Stromversorgung an.

Die Gesamtleistung sollte in jedem Fall 40 Watt nicht übersteigen, LED-Fernseher sind in der Regel etwas sparsamer als LCD-Fernseher. Je weniger Strom Sie verbrauchen, desto länger können Sie fernsehen (es sei denn, Sie haben ohnehin einen festen Stromanschluss auf dem Campingplatz). Nichts ist ärgerlicher, als wenn Sie beim Elfmeterschießen der deutschen Mannschaft gegen Italien plötzlich keinen Strom mehr haben. Wenn Sie in Deutschland Campingurlaub machen, sollte ein DVB-Tuner im Fernseher integriert sein. So kann fast überall schnell und ohne große Installation geschaut werden. Achten Sie darauf, dass er den DVB-T2-Standard hat. Mit DVB-T1-Geräten können Sie in Deutschland nichts mehr empfangen (☞ Die Möbel/Fernseher). Sie können aber einen einfachen DVB-T2-Receiver (ab ca. € 30) dazwischenschalten und dann wieder fernsehen. Auf alle Fälle lohnt es sich, eine kleine Zusatzantenne (möglichst mit Empfangsverstärker) zu nutzen.

Von kleinen, tragbaren Satellitenanlagen aus dem Discounter raten wir ab. Bis Sie damit den Satelliten gefunden haben, ist das Spiel längst vorbei. Wenn Sie lange an einem Ort bleiben, können Sie natürlich auch eine Satellitenanlage aus dem Baumarkt betreiben. Auch hierbei muss darauf geachtet werden, dass der Receiver auf 12 Volt läuft oder dass Sie am Stellplatz 230 Volt haben. Sie können dann z. B. das Stützrad am Wohnwagen herausnehmen und durch eine stabile Eisenstange ersetzen. Auf den Boden legen Sie eine größere Holzplatte, auf der die Deichsel mithilfe der Eisenstange abgestützt wird, sodass Sie einen Ersatz für das Stützrad haben. Den Rest der Stange können Sie als Mast für die Satellitenschüssel oder als Halter für die Wäscheleine benutzen.

Kleiner Satellitenständer (dg)

Etwas flexibler sind Sie mit einem separat aufzustellenden Fußgestell. Dieses können Sie – ein entsprechend langes Antennenkabel vorausgesetzt – an eine Stelle setzen, wo der Satellit z. B. nicht von einem Baum verdeckt und besser erreichbar ist. Der Nachteil bei dieser Methode ist allerdings, dass Sie die Schüssel während der Fahrt im Wohnwagen unterbringen müssen.

Komfortabler sind da fest eingebaute Anlagen. Für Wohnwagen empfehlen wir die Antennenserie CARO vom Spezialisten Oyster. Die Anlage gibt es mit und ohne Receiver. Sie hat einen eingebauten SAT-Finder und lässt sich mittels Kurbelmast kinderleicht ausrichten. Üblicherweise montieren

Sie Ihre SAT-Anlage auf dem Dach, oberhalb des Kleiderschranks. Im Kleiderschrank befindet sich normalerweise auch der Stromanschluss, sodass die Anlage problemlos angeschlossen werden kann. Wenn Sie den Fernseher an den Kleiderschrank schrauben möchten, können Sie zur Sicherheit für die Halterung von innen eine größere Holzplatte als Gegenstück anbringen, damit der Fernseher nicht abstürzt. Wenn Sie die komplette Installation selbst machen möchten, können Sie dies unter fachkundiger Anleitung direkt beim Hersteller in der Nähe von Pforzheim erledigen. Vereinbaren Sie einfach einen Termin mit der Werkstatt und legen Sie los. Benötigtes Spezialwerkzeug können Sie sich vor Ort ausleihen.

Die CARO hat einen Empfangsbereich von Südskandinavien bis ans Mittelmeer. Die Antenne kostet ca. € 750 und wiegt nur 9 kg. Wer eine vollautomatische Anlage haben möchte, muss noch einen Tausender drauflegen, und wer höher in den Norden oder tiefer in den Süden fahren möchte, sollte den Kauf einer Oyster 65 bzw. Oyster 85 erwägen. Wenn Sie auf dem Wohnwagen genug Platz haben, nehmen Sie ruhig die 85er. Dann können Sie auch am Nordkap noch die „Klinik unter Palmen“ sehen.

Die Firma Oyster bietet verschiedene Modelle an (Oyster)

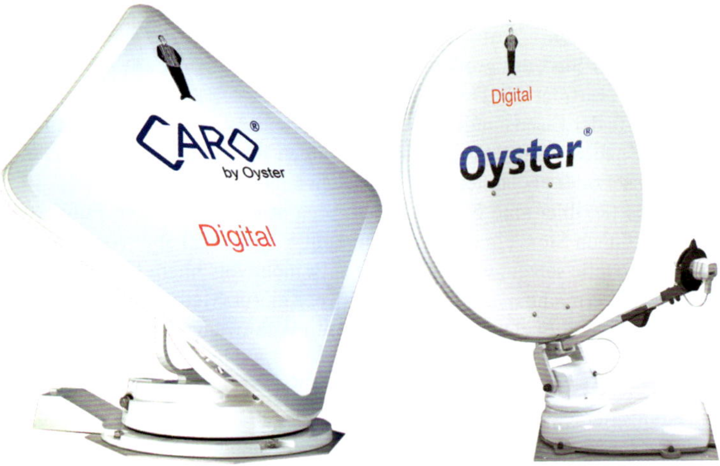

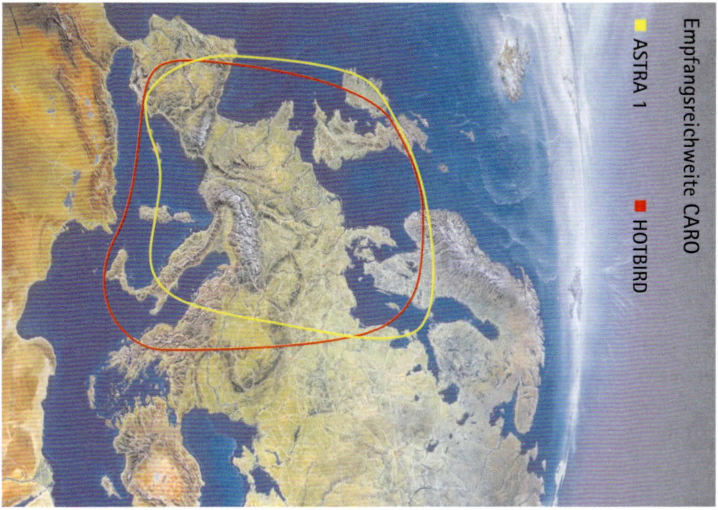

Bei der Reichweite gibt es große Unterschiede (Abbildung: Oyster)

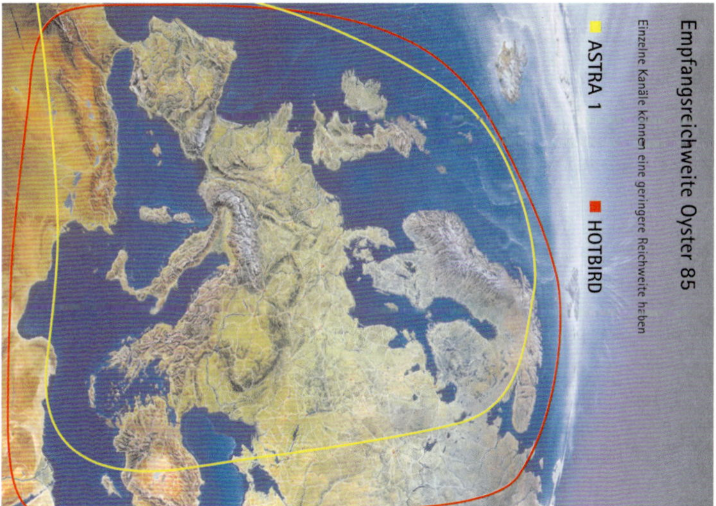

Egal für welche Anlage Sie sich entscheiden, Sie haben nur Empfang, wenn Sie freie Sicht auf den Satelliten haben. Wenn Sie direkt vor einem Baum stehen, nützt auch die größte Anlage nichts. Bevor Sie den endgültigen Stellplatz auswählen, sollten Sie deshalb mit einem Kompass einmal die Lage peilen (Richtung Südsüdost sollte alles frei sein). Bei der Buchung auf dem Campingplatz kann auch schon ein Hinweis, dass Sie gerne Satellitenempfang haben möchten, nicht schaden. Man wird dann, wenn verfügbar, einen entsprechenden Platz für Sie aussuchen.

Es gibt auch Campingplätze, die Satellitenempfang mit anbieten, weil z. B. durch die Lage des Platzes in einem Waldstück kein Empfang möglich ist. Für diese Fälle empfehlen wir, ein Antennenkabel in die Stromanschlussdose zu legen und immer ausreichend Kabel (20 m sollten reichen) im Staukasten zu haben. Von der Stromanschlussdose können Sie dann das Kabel legen, ohne Fenster oder Luken offen lassen zu müssen (Kupplungsstücke nicht vergessen). Dann kommen auch keine Mücken in den Wohnwagen. Alternativ gibt es spezielle flache Fensterdurchführungen. Das Flachkabel wird dann in die Gummidichtung des Fensters gedrückt.

Die Anhängersteckdose

Die Anhängersteckdose verbindet das Stromnetz des Zugfahrzeugs mit dem des Wohnwagens. Obwohl bei den meisten Neufahrzeugen eine 13-polige Anhängerkupplung verbaut wird, sind nicht alle Pole belegt. Für die Belegung mit Dauerplus zum Laden der Bordbatterie während der Fahrt muss meistens ein Kabelbaum extra verlegt werden. Bei einigen Fahrzeugen ist es auch gar nicht möglich, einen zusätzlichen Kabelbaum anzuschließen. Fragen Sie am besten in einer Fachwerkstatt nach und erkundigen sich vor dem Neukauf des Pkw, ob es möglich ist.

Für jeden Pol der Steckdose bzw. des Steckers sollte ein Kabel mit einer speziellen Grundfarbe benutzt werden. Achten Sie auch darauf, dass Kabel für Dauerplus zum Laden der Batterie einen größeren Querschnitt (4 mm^2) benötigen, damit das Kabel nicht zu heiß wird. Auch ein Trennrelais sollte im Zugfahrzeug eingebaut werden, damit der Wohnwagen nicht die Starterbatterie leer zieht.

13-polige Anhängersteckdose (Fritz Berger)

Die Pole bei einem 7-poligen Stecker/Steckdose werden bei einem (deutschen) Fahrzeug nach DIN 72551 folgendermaßen belegt:

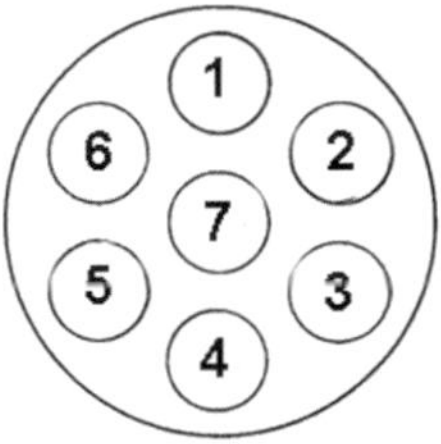

Pol 1: Blinker links (gelb)
Pol 2: Nebelschlussleuchte (blau)
Pol 3: Masse (weiß)
Pol 4: Blinker rechts (grün)
Pol 5: Schlussleuchte rechts (braun)
Pol 6: Bremsleuchte (rot)
Pol 7: Schlussleuchte links (schwarz)

Und bei einer 13-poligen Steckdose:

Pol 1: Blinker links (gelb)
Pol 2: Nebelschlussleuchte (blau)

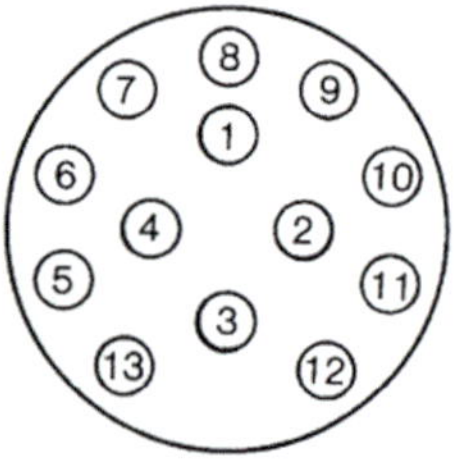

Pol 3: Masse für Kontakte 1-8 (weiß)

Pol 4: Blinker rechts (grün)
Pol 5: Schlussleuchte rechts (braun)
Pol 6: Bremsleuchte (rot)
Pol 7: Schlussleuchte links (schwarz)
Pol 8: Rückfahrleuchte (grau)
Pol 9: Stromversorgung (braun-blau)
Pol 10: Ladeleitung für Batterie (braun-rot)
Pol 11: frei - -
Pol 12: frei - -
Pol 13: Masse für Kontakte 9-12 (schwarz-weiß)

Eine Freude, wenn alles so funktioniert wie es soll (d)

An die Pole 11 und 12 könnte man z. B. eine Rückfahrkamera anschließen.

☝ Wie bereits zu Beginn gesagt, sollten Sie Basteleien an der Elektrik nur dann selbst durchführen, wenn Sie sich wirklich gut auskennen!

Es geht los!

(d)

Andere Länder, andere Sitten, andere Campingplätze

Dieses Buch soll keinen Reiseführer ersetzen, wir möchten Sie aber vor Enttäuschungen durch falsche Vorstellungen bewahren. Zwei Beispiele:

▷ Zu Hause haben Sie an langen Kaminabenden geplant, wie Sie durch Norwegen ans Nordkap hochfahren, jeden Abend auf einem anderen Campingplatz am Kiosk sitzen, ein Bier oder Wein zum Tagesausklang trinken, Pommes für die Kinder kaufen … Tolle Pläne, aber in Norwegen gibt es nur sehr wenige Campingplätze mit so etwas wie einem Kiosk oder Laden. Und die wenigen, die es gibt, liegen fast alle an der Südküste, wo die Norweger selbst ihren Urlaub verbringen, nicht aber auf der Route zum Nordkap. Auf dem Weg dorthin bestehen Campingplätze in der Regel aus einem großen, landschaftlich reizvollen Gelände am Fjord, See oder Fluss. Immer sind ordentliche Sanitäranlagen, Strom und Wasser vorhanden und

Auf den Plätzen in Skandinavien versorgen Sie sich am besten selbst (d)

die Plätze sind im Vergleich zu dem sonstigen Preisniveau in Norwegen günstig. Sie werden aber meistens nicht mal einen Ort in der Nähe haben und abends essen zu gehen ist in Skandinavien ohnehin nur in großen Städten üblich, Sie müssen also in jedem Fall selbst kochen/grillen. Alkoholische Getränke sind in Norwegen so teuer, dass sie ein sehr, sehr tiefes Loch in die Urlaubskasse reißen. Wenn Sie auf Ihr abendliches alkoholisches Getränk im Urlaub nicht verzichten möchten, schlagen wir für Norwegen deshalb sogar vor, über Schweden einzureisen. Schweden ist in der EU und Sie dürfen für einen Urlaub so viel mitnehmen, wie Sie glaubhaft selbst trinken. Wenn Sie später von Schweden nach Norwegen hinüberfahren, interessiert sich kaum jemand für die Ladung eines deutschen Wohnwagens.

▷ Sie möchten einen geruhsamen Urlaub an der polnischen Ostseeküste oder den Masurischen Seen verbringen, während in Polen gerade Sommerferien sind? Vergessen Sie es! Viele Polen verbringen ihren Urlaub im eigenen Land und auf polnischen Plätzen ist während der Feriensaison Highlife und Konfetti angesagt (dafür wäre das Bier günstig und meistens vorhanden). Wenn Ihnen also ebenfalls nach Party ist, sind Sie hier goldrichtig!

Informieren Sie sich am besten rechtzeitig vor Ihrem Urlaub über die Gepflogenheiten in Ihrem geplanten Urlaubsland. Schauen Sie sich Reiseführer an (z. B. in der Bücherei), suchen Sie nach Internetforen etc.

Für die beliebtesten Campingurlaubsländer hier noch eine kurze Aufstellung der Übernachtungskosten auf den Campingplätzen pro Nacht für zwei Erwachsene mit einem Kind (einschließlich Auto- und Caravanstellplatz, Strom und Nebenkosten). Die Kosten können natürlich je nach Platz und Saison stark schwanken.

▷ Deutschland ca. € 15-45
▷ Niederlande ca. € 18-58
▷ Österreich ca. € 20-45
▷ Italien ca. € 20-68
▷ Kroatien ca. € 20-60
▷ Frankreich ca. € 12-72

- ▷ Spanien ca. € 10-62
- ▷ Dänemark ca. € 28-52
- ▷ Schweden ca. € 18-40
- ▷ Polen ca. € 12-28

Natürlich wissen Sie zumindest grob, wo es hingehen soll. Für die Feinabstimmung sind Campingführer der Länder/Gegenden eine schöne Sache: Sie zeigen Ihnen, wie groß die Parzellen auf den Plätzen sind, ob es einen Kinderspielplatz und einen Laden gibt, ob Haustiere erlaubt sind und ob eine Entsorgungsstation für Kassettentoiletten vorhanden ist. Auch viele andere Informationen, z. B. zu Öffnungszeiten, Badestrand, Bootsverleih, Pool, Gaststätte, öffentlichen Verkehrsmittel etc., können Sie dort finden.

Sie bekommen diese Führer im Buchhandel, auf Reisemessen, bei Automobilclubs, von Fremdenverkehrsämtern oder bei den örtlichen Touristinfos.

Vorbereitung

Zustand von Wohnwagen und Auto prüfen

Einige Tage, bevor es an das Beladen des Fahrzeugs geht, sollte erst einmal der technische Zustand von Zugfahrzeug und Wohnwagen überprüft werden.

Sind/ist beim Wohnwagen

- ☐ TÜV vorhanden? (Der Wohnwagen muss wie ein Pkw alle zwei Jahre überprüft werden.)
- ☐ die Bremsen (Beläge und Scheiben) okay?
- ☐ die Reibbeläge der Anti-Schlinger-Kupplung noch ausreichend (Verschleißanzeige prüfen)?
- ☐ die Reifen nicht älter als 6 Jahre? (Sonst dürfen Sie trotz 100er-Zulassung nur 80 fahren.)
- ☐ das Reifenprofil ausreichend?
- ☐ der Luftdruck okay?
- ☐ die Gasanlage geprüft?
- ☐ das Ersatzrad okay oder ein Pannenset an Bord?
- ☐ die Beleuchtung okay?

Sind/ist beim Zugfahrzeug

- ☐ das Inspektionsintervall eingehalten?
- ☐ TÜV vorhanden?
- ☐ die Bremsen okay?
- ☐ Reifenprofil und Reifendruck okay?
- ☐ das Ersatzrad oder Pannenset okay?
- ☐ Öl, Bremsflüssigkeit, Kühlwasser okay?
- ☐ Scheibenreiniger okay?
- ☐ ein Warndreieck vorhanden?
- ☐ der Verbandskasten komplett und nicht überaltert?
- ☐ Warnwesten dabei?

☞ Wenn Sie einen Heckträger am Wohnwagen haben und nach Italien oder Spanien fahren, benötigen Sie noch eine Warntafel! Sonst wird's teuer. Und wie sollte es anders sein: In jedem Land ist eine spezielle vorgeschrieben, die im anderen nicht zugelassen ist.

Beladen

Rangieren Sie Ihren Wagen zum Beladen am besten vor die Haustür. Nur wenn Sie Stadtbewohner mit schwierigen Parkplatzverhältnissen sind, müssen Sie Ihre Sachen mit dem Pkw zum Stellplatz bringen. Natürlich haben Sie in der Wohnung/Ihrem Haus die Packliste bereits abgearbeitet und alles bereitstehen, die Gasflasche(n) ist/sind idealerweise bereits im Staukasten und voll.

Eine sinnvolle Hilfe zum richtigen Beladen des Caravans ist eine Stützlastwaage. Damit Sie nicht jedes Mal zur Deichsel laufen müssen, um die Stützlast zu prüfen, empfehlen wir ein Modell mit Bluetooth, z. B. die STB 150 von AT Sensotec (ab ca. € 50 ohne oder € 70 mit Bluetooth). Mit dieser können Sie eine Stützlast bis zu 150 kg prüfen. Die maximale Stützlast entnehmen Sie dem Fahrzeugschein von Zugfahrzeug und Wohnwagen. Bei unterschiedlichen Werten gilt immer der kleinere Wert. Um ein Fahrzeugschlingern zu vermeiden, sollten Sie immer möglichst nah an die zulässige Stützlast kommen.

☞ Prüfen Sie die Stützlast natürlich nur, wenn sich niemand im Fahrzeug befindet, und mit hochgekurbelten Stützen. Fahrräder und volle

Gasflaschen gehören selbstverständlich schon auf die Deichsel bzw. in den Gaskasten. Um ein richtiges Messergebnis zu bekommen, muss die Anhängerkupplung exakt die Höhe haben, die sie hätte, wenn der Wohnwagen angekuppelt wäre. Deshalb sollte die Stützlastwaage höhenverstellbar sein.

Stützlastwaage (dg)

☝ Von einigen Herstellern (z. B. von Reich) gibt es Stützlastwaagen für Einzelachser und Tandemachser. Achten Sie darauf, dass Sie das richtige Modell benutzen.

Verschätzen Sie sich beim Beladen nicht mit der Zeit, die Sie benötigen: Obwohl bei uns z. B. immer alle Küchenutensilien, Handtücher, Schampoos, Duschgel, Bettwäsche etc. an Bord waren, brauchten wir fast einen kompletten Vormittag, bis alles andere eingepackt und der Wassertank gefüllt war. Rechnen Sie also für das erste Beladen lieber mit einem ganzen Tag, packen Sie in Ruhe alles ein und fahren Sie dann am nächsten Morgen entspannt los.

Kurbeln Sie zum Beladen in jedem Fall die Stützen herunter! Ein kleinerer Wagen, der nur auf dem Stützrad steht, kann hinten herunterkippen, wenn Sie dort einladen. Und wenn Sie vorn beladen, können Sie das Stützrad überlasten!

Dann schalten Sie am besten den Kühlschrank an, damit er schon mal vorkühlen kann. Gut ist hierfür ein 230-Volt-Stromanschluss.

Nun wird Ihr Gepäck wie bereits beschrieben an seinem Platz verstaut. Wir haben vor der ersten Benutzung eines Wagens immer einen Plan gemacht, wem welcher Schrank „gehört" und was wohin kommt: Dinge, die Sie häufiger brauchen, kommen in leicht erreichbare Klappen/Staufächer, Dinge, die Sie eher selten herausholen müssen, wie z. B. Reservehandtücher oder Reservebettwäsche, kommen in die schlechter erreichbaren Schränke. Dabei achten Sie natürlich auch auf das richtige Verteilen des Gewichts! Schwere Gegenstände müssen unten und gleichmäßig vorn und hinten untergebracht werden. Lose oder flüssige Lebensmittel und andere Flüssigkeiten sollten sich in fest verschließbaren Behältern, die möglichst auch unzerbrechlich sind, befinden. Diese sollten Sie außerdem so verstauen, dass sie vor einem Umkippen möglichst gut geschützt sind.

Lebensmittel, die in den Kühlschrank gehören, packen Sie als Letztes ein. Wenn Ihre Bordbatterie nicht während der Fahrt geladen wird und Sie die Gasanlage unterwegs auch nicht betreiben dürfen, ist es besser, die zu kühlenden Lebensmittel, die Sie schon von zu Hause mitnehmen möchten, in eine Kühlbox zu packen, die ins Auto gestellt wird und während der Fahrt an eine 12-Volt-Steckdose angeschlossen werden kann. Mit einem passenden Netzteil können Sie sie während Ihres Urlaubs als zusätzlichen Getränkekühlschrank verwenden.

Alles drin und der Wassertank ist auch bereits mit der für die Fahrt vorgesehenen Menge gefüllt? Dann werden die Stützen wieder eingekurbelt und ein letztes Mal wird die Stützlast geprüft. Stimmt sie? Dann ist alles gut. Wenn sie nicht stimmt, heißt es umpacken, damit es nicht gefährlich wird (bei zu geringer Stützlast kann der Wagen zum Beispiel schlingern, das ganze Gespann wird dann unkontrollierbar). Ist das Gewicht, das auf dem Stützrad liegt, zu hoch, müssen vorn aus dem Wagen schwere Teile herausgenommen und hinten im Wohnwagen oder im Auto verstaut werden, ist es zu niedrig, müssen noch schwere Dinge nach vorn. Oft reicht es schon, ein Sechserpack Mineralwasser (1,5-l-Flaschen) ganz nach vorn (oder nach hinten, wenn die Achslast zu hoch ist) zu packen, um ungünstige Verhältnisse zu korrigieren. (Vergessen Sie nicht, die Stützen zum eventuellen Umladen wieder herauszudrehen!)

Vor der Abfahrt geht jemand, der diesen Job am besten auch zukünftig erledigen sollte, nach dem Ankuppeln des Wohnwagens durch den Wagen und kontrolliert, ob:

- ☐ alle Schränke und Schubladen verriegelt sind (auch im Bad).
- ☐ der Kühlschrank sorgfältig eingeräumt (Flaschen vorm Umfallen gesichert), verschlossen und für die Fahrt auf Batterie oder Gas (bei entsprechender Ausstattung) umgeschaltet ist.
- ☐ alle Dachluken geschlossen und verriegelt sind (sie können sonst während der Fahrt auffliegen).
- ☐ alle Fenster geschlossen und verriegelt sind.
- ☐ die (Glas-)Abdeckungen von Spüle und Kochfeld geschlossen sind.
- ☐ die Sat-Schüssel, falls vorhanden, eingekurbelt ist.
- ☐ nichts offen im Wagen herumliegt – der Wohnwagen ist nicht im Entferntesten so gut gefedert wie Ihr Auto, schon leichte Schlaglöcher können sich verheerend auswirken und auch in den Schränken nicht fest verkeilte Gegenstände durcheinander rütteln oder umfallen lassen.
- ☐ das Stromkabel abgezogen ist.
- ☐ die Einstiegsstufe verstaut ist.
- ☐ die Kurbel für die Stützen verstaut und der Gaskasten geschlossen ist.

Tippen Sie diese Liste ab und ergänzen Sie sie gegebenenfalls (z. B. um die Hundeleine, die an der Deichsel befestigt ist, und den Trinknapf Ihres Hundes), hängen Sie sie im Wagen auf und haken Sie vor jeder Abfahrt zumindest in Gedanken alles ab!

Nach dieser Kontrolle wird der Wagen verschlossen und möglichst niemand mehr hineingelassen. Ein eben noch mal kurz in den Kühlschrank gestellter Joghurt kann ein ziemliches Chaos hinterlassen, wenn vergessen wurde, den Kühlschrank anschließend wieder ordentlich zu verriegeln.

Diese Prozedur wiederholen Sie vor jeder Abfahrt, auch wenn Sie nur zwischendurch eine Pause im Wagen gemacht haben.

Nun sollten Sie am Pkw noch Ihre Zusatzspiegel anbringen. Achten Sie beim Kauf darauf, dass die Spiegel stabil montiert werden können. Wer Wert auf die passende Optik legt, kann zu einigen Pkw-Modellen auch die passenden Spiegel erwerben. Natürlich können diese auch in Wagenfarbe lackiert werden (Infos unter 💻 www.emuk.com). Damit die Spiegel nicht geklaut werden, werden sie mit einem Spezialschlüssel montiert.

Eine Diebstahlsicherung schützt Ihre Spiegel (Emuk)

Ankuppeln

Alles dran? Dann kann der Wohnwagen angehängt werden. Dazu drehen Sie das Stützrad so hoch, dass Sie mit Ihrer Anhängerkupplung unter die Kugelpfanne an der Deichsel fahren können. Dazu lässt sich der Fahrer von einer zweiten Person möglichst genau einweisen. Beim Wohnwagen muss zu diesem Zeitpunkt die Bremse gezogen sein. Wenn Sie korrekt stehen, legen Sie das Sicherungsseil des Wohnwagens über die Kupplung des Pkw. Nun drehen Sie das Stützrad herunter, bis die Kugel einrastet, und lösen dann die Bremse des Wohnwages. Stecken Sie den Stecker in die Dose am Pkw. Schalten Sie nun alle möglichen Leuchten nacheinander ein (Fahrlicht, Bremslicht, Blinker rechts und links und Warnblinkanlage). Eine zweite Person muss hinten schauen, ob beim Wohnwagen alle Lampen wie gewünscht funktionieren.

Wenn Sie beim Ankuppeln alleine sind, ist es oft schwierig, so heranzufahren, dass Sie mit dem Kugelkopf des Zugfahrzeugs unter der Anhängerkupplung des Wohnwagens zum Stehen kommen. Schnell haben Sie sich einen dicken Kratzer an der Stoßstange des Zugfahrzeugs eingehandelt. Steht der Wohnwagen auch noch auf schwierigem Gelände (Sand oder feuchter Boden), lässt er sich auch sehr schwer schieben. Hier kann man eine Ankuppelhilfe einsetzen. Man setzt einen Kugelkopf mit Stahlplatte in die Anhängevorrichtung des Wohnwagens und löst die Bremse. Nun fährt man rückwärts mit der Anhängerkupplung des Pkw gegen diese Stahlplatte und der Wagen steht millimetergenau. Die Ankuppelhilfe kostet ca. € 100, als abschließbare Version ca. € 130 (Infos unter 💻 www.schnellkuppler.de).

Unterwegs

Kleine Fahrschule

Nun soll es losgehen, doch wie verhalten Sie sich, wenn …

… der Berg ruft?

Anfahren am Berg ist mit Wohnwagen nicht ganz einfach. Am leichtesten haben Sie es, wenn Sie ein Automatikfahrzeug besitzen: einfach Gang rein und los geht's. Neuere Fahrzeuge besitzen häufig schon eine Berganfahrhilfe. Dabei wird die Bremse etwas verspätet gelöst und das Gespann rollt nicht zurück. Für alle, die nicht über diese technischen Feinheiten verfügen, hilft nur üben, üben, üben! Wenn es möglich und genug Platz vorhanden ist, stellen Sie das Gespann etwas schräg zum Berg, sodass der Wohnwagen nicht direkt nach unten zieht. Das erleichtert die Sache. Dann lassen Sie die Kupplung bis zum Schleifpunkt kommen, geben gefühlvoll Gas und fahren los. Wenn Sie einen Handbremshebel haben, können Sie auch die Handbremse anziehen. Dann lassen Sie die Kupplung langsam kommen, lösen langsam die Handbremse und fahren an. Das Ganze sollten Sie bereits vor dem Urlaub üben und perfekt beherrschen.

… wenn starker Wind herrscht?

Nichts ist schlimmer als tückischer Seitenwind, der das Gespann ins Schleudern bringt. Doch was tun? Leichtes Ausbrechen des Wohnwagens können Sie durch Temporeduzierung oder gefühlvolles Korrigieren am Lenkrad gut in den Griff bekommen. Schwieriger wird es bei hohen Geschwindigkeiten und starkem Pendeln. Dann sollten Sie das Lenkrad beherzt in die Hände nehmen und satt auf die Bremse treten, bis das Gespann wieder unter Kontrolle ist. Die Beifahrererin oder der Beifahrer sollte derweil das Warnblinklicht einschalten, sofern sich der Schalter in der Mittelkonsole befindet und gut erreichbar ist. So wird der nachfolgende Verkehr gewarnt. Wenn der Wohnwagen ein Anti-Schlinger-System besitzt, wird der Wohnwagen automatisch abgebremst und das Gespann dadurch gestreckt. Das Pendeln hört auf.

… wenn Sie rückwärtsfahren müssen?

Rückwärtsfahren ist eigentlich ganz einfach. Alles ist andersherum. Der Wohnwagen soll hinten nach links? Dann lenken Sie mit dem Auto nach rechts. Das Wichtigste dabei ist, sich genug Zeit zu lassen und langsam zu fahren. Wenn der Wohnwagen zu stark eingeschlagen hat, fahren Sie einfach kurz wieder nach vorne und alles ist in Ordnung.

Die Spiegel sind beim Rückwärtsfahren unverzichtbare Helfer (Emuk)

Wenn Sie eine größere Strecke gerade zurück fahren müssen, fahren Sie am einfachsten nach Spiegel, dann müssen Sie nicht seitenverkehrt lenken. Taucht der Wohnwagen im rechten Spiegel auf, lenken Sie etwas nach rechts, wenn er im linken Spiegel auftaucht etwas nach links. Wenn Sie rückwärtsfahren, sollte immer die Beifahrerin oder der Beifahrer aussteigen und Sie einweisen. Sprechen Sie sich ab und vereinbaren Sie eindeutige Handzeichen. Auch dieses sollte vorher geübt werden.

… wenn Sie lange und steil bergab fahren müssen?

Eine solche Situation kann sich z. B. in den Alpen oder Norwegen ergeben. In so einem Fall sollten Sie zwischendurch in eine Haltebucht fahren und Ihren Bremsen am Pkw Gelegenheit geben, abzukühlen.

☺ Einige Hersteller und auch der ADAC bieten ein Fahrsicherheitstraining an. Fragen Sie doch einmal im Handel oder informieren Sie sich beim ADAC unter 💻 www.adac.de. Ein Caravantraining kostet € 89-185 für Nichtmitglieder. Mitglieder sparen € 10.

Zwischenübernachtung

Auf der Fahrt zu Ihrem Ziel werden Sie vielleicht auch einmal übernachten müssen. In Deutschland dürfen Sie auf jedem öffentlichen Parkplatz, auf dem es keine zeitlichen Einschränkungen (z. B. für die Nacht) gibt, zur Wiederherstellung Ihrer Fahrtüchtigkeit einmal im Wohnwagen übernachten. Dabei ist zu beachten, dass der Parkplatz auf Ihrer direkten Route zum Zielgebiet liegen muss. Sie dürfen also nicht von der Autobahn abfahren, sich 50 km entfernt ein idyllisches Plätzchen am See suchen und dort auf einem öffentlichen Parkplatz übernachten. Campingähnliches Verhalten wie das Aufstellen von Stühlen und Tischen samt Grill ist dabei nicht gestattet. Die Experten sind sich nicht ganz einig, ob die Stützen oben bleiben müssen oder ausgefahren werden dürfen und ob der Wohnwagen angekuppelt bleiben muss. Wir haben ihn immer angekuppelt gelassen, zur Entlastung der Anhängerkupplung aber die Stützen herausgedreht. Natürlich benötigen Sie mindesten zwei Parkplätze hintereinander, die lang genug sind. Auf denen für Lkw und auf denen für Wohnmobile, wenn diese mit dem Wohnmobilzeichen gekennzeichnet sind, dürfen Sie nicht stehen.

Da es an den Autobahnrastplätzen die ganze Nacht hindurch sehr laut ist und die meisten Überfälle auf Wohnmobile und Wohnwagen genau dort passieren, empfehlen wir Ihnen, sich eine Land- oder Bundesstraße parallel zur Autobahn zu suchen, wo es oft noch Gasthöfe mit großen Parkplätzen gibt. Wie haben immer einen über GoogleMaps gesucht (da sehen Sie gleich, ob ein großer Parkplatz vorhanden ist), angerufen und gefragt, ob wir dort übernachten dürfen, wenn wir einkehren. Das ist uns immer gern gestattet worden.

Wenn Sie nicht einkehren möchten, bieten sich auch Wanderparkplätze oder solche an Freibädern oder Sportzentren an, sofern das Parken dort nachts nicht verboten ist. Sie liegen meistens schön ruhig und sind nachts eher wenig frequentiert. Natürlich müssen Sie Platz genug zum Rangieren haben.

So etwas haben wir bisher nur in Skandinavien gefunden: ein Rastplatz in der Natur, Campen erlaubt. Sogar ein Plumpsklo ist manchmal vorhanden. Auch Feuerholz fürs abendliche Lagerfeuer kann man an manchen Plätzen für wenig Geld erwerben (dg)

Obwohl eigentlich nicht erlaubt, haben wir auch häufiger auf Wohnmobilstellplätzen gestanden. Wir haben uns aber immer solche herausgesucht, die viele Plätze hatten, sodass wo wir nicht befürchten mussten, Reisenden mit Wohnmobil das letzte Plätzchen wegzunehmen. Auch dabei hatten wir nie Probleme. Versteht sich aber von selbst, dass Ihr Abwassertank bei der morgendlichen Wäsche unter dem Abflussrohr steht.

Auch für Sie als Wohnwagenfahrer kann die App der Wohnmobilzeitschrift Promobil nützlich sein. Sie listet je nach Wunsch entweder die Stellplätze in Ihrer Nähe oder in der Nähe eines bestimmten Ortes auf. (Die Entfernung können Sie selbst bestimmen.) Weiter gibt sie an, wie viele Mobile auf dem Platz stehen können, was Ihnen eventuell einen Anhaltspunkt gibt, ob Ihr Gespann dort stört oder ob es okay ist, wenn Sie dort übernachten. Ganz toll aber: Sie erfahren auch, welcher Platz eine Entsorgungsstation hat, an der Sie Ihren Toilettentank entleeren können, wo Sie Frischwasser tanken und Abwasser ausgießen können.

Eine gute Lösung ist es natürlich auch, einfach eine Zwischenübernachtung auf einem Campingplatz einzulegen. In manchen Campingführern sind Plätze, die relativ nah an der Autobahn liegen, sogar extra gekennzeichnet.

Noch eine grundsätzliche Empfehlung: Suchen Sie sich Ihren Platz nicht erst in stockfinsterer Nacht, sondern zu einer Zeit, zu der Sie noch gut sehen können. Im Sommer ist das ja bis spät am Abend noch der Fall. Machen Sie Ihre Anreise durch eine gut geplante Übernachtung schon zu Ihrem ersten Urlaubstag.

Am Ziel

Wenn Ihr Ziel ein Campingplatz ist, sollten Sie in jedem Fall nicht erst zu später Stunde dort eintreffen, sondern so, dass Sie sich in aller Ruhe an der Rezeption anmelden und anschließend Ihren Platz gemütlich einrichten können, ohne die Nachbarn zu stören. An der Rezeption wird man von Ihnen wissen wollen, wie lange Sie bleiben möchten, wie viele Personen Sie insgesamt sind und ob Sie ein Haustier dabeihaben. Außerdem wird oft die Adresse und das/die Kennzeichen notiert. Ist die Rezeption nicht besetzt, finden Sie im Allgemeinen Hinweise, wie Sie verfahren sollen. Das reicht von schlichtem Warten bis zur nächsten Öffnungszeit über eine

Schön angekommen zu sein (d)

Telefonnummer, die Sie anrufen sollen, bis zu dem Hinweis: Suchen Sie sich einen Platz aus, wir kommen später zum Kassieren. Letzteres ist z. B. auf den kleineren Campingplätzen in Skandinavien absolut üblich.

Seit 2012 gibt es die Camping Key Europe. Sie kostet € 16/Jahr und bietet Ihnen schnelleres Ein- und Auschecken auf Campinglätzen (kein Ausweis notwendig), ggf. Preisvergünstigungen für Übernachtungen, Rabatte für Brücken, Fähren, Museen und Freizeitparks sowie eine Haftpflichtversicherung auf dem Campingplatz. Einige Campingplätze, vor allem in Skandinavien, verlangen den Besitz der Karte. Über folgende Websites kann die Karte bestellt werden:

▷ Bundesverband der Campingwirtschaft in Deutschland e.V., 💻 bvcd.de
▷ ADAC, 💻 adac-shop.de (nur für ADAC-Mitglieder)
▷ offizielle schwedische Camping-Key-Website, 💻 campingkeyeurope.se
▷ offizielle norwegische Camping-Website, 💻 camping.no
▷ offizielle finnische Camping-Website, 💻 camping.fi

Bevor Sie für mehrere Nächte buchen, sollten Sie den Platz aber lieber besser kennenlernen. Vielleicht verläuft genau hinter dem kleinen Wäldchen, das Sie als Windschutz auserkoren haben, eine Eisenbahnlinie, auf der die ganze Nacht hindurch Güterzüge verkehren, oder eine Motorcrossbahn liegt verborgen, aber hörbar in der Nähe und den ganzen Tag rattern und röhren die Maschinen.

Nun gut: Sie haben jemanden erreicht und sich registriert. Auf allen größeren Plätzen wird man Ihnen einen für Ihr Gespann gut erreichbaren, geeigneten Platz zuweisen und Sie müssen nur noch dort einparken. Auch hier gibt es manchmal Anweisungen, wie das zu geschehen hat: rechts oder links oder quer. Sollte man Sie mit der Bemerkung „Suchen Sie sich einen Platz aus" ziehen lassen, sollten Sie dies erst einmal zu Fuß tun. Wenn Sie sich nicht auskennen, haben Sie sich schnell festgefahren und müssen unter Umständen einige Hundert Meter – vielleicht sogar bergauf – rückwärtsfahren.

Achten Sie bei der Platzwahl darauf, dass Sie waagerecht stehen können, dass nicht gerade die stärkste Laterne des Platzes in Ihren Wagen scheint oder die Sanitäranlagen direkt nebenan liegen und dass Ihre Sat-Schüssel nicht durch Bäume verdeckt ist, falls Sie fernsehen möchten. Außerdem brauchen Sie noch etwas Platz für Ihr Vorzelt/Ihre Markise.

Auf fast allen größeren Campingplätzen in Europa gibt es sogenannte Parzellen, die Ihnen genau zeigen, wo Ihr „Revier" beginnt und wo es aufhört. Es gibt aber auch Plätze, die aus nichts anderem als einer oder mehreren großen Wiesen mit einigen Stromkästen bestehen. Hier liegt es in Ihrer Verantwortung, sich richtig aufzustellen – stellen Sie sich nicht zu nah an die Nachbarschaft und beanspruchen Sie nicht zu viel Platz für sich. Wenn Sie die Möglichkeit haben, achten Sie auch auf die Windrichtung und die Sonne. Die Tür sollte sich, wenn möglich, auf der dem Wind abgewandten Seite befinden und die Sonne sollte – vor allem in wärmeren Gegenden – nicht den ganzen Tag über auf die Abluftschlitze des Kühlschranks scheinen. Achten Sie auch darauf, dass der nächste Stromkasten so liegt, dass Ihr Kabel lang genug ist, um es dort anzuschließen. Ein Wasseranschluss, der nur so weit entfernt ist, dass Sie ihn noch mit Ihrem Schlauch erreichen, ist ebenfalls praktisch.

Nun haben Sie – auf welchem Weg auch immer – Ihren Platz gefunden. Bevor Sie aber dorthin fahren und Ihren Wagen auf den Platz rangieren, füllen Sie am besten erst Ihren Wassertank auf, sofern kein Wasserhahn auf dem Platz selbst vorhanden ist. Jetzt fahren Sie zu Ihrem Platz und rangieren Ihren Wagen an die richtige Stelle. (Wenn der Platz sehr eng ist oder

Sie das Rangieren mit dem Anhänger nicht so gut beherrschen, können Sie den Caravan auch erst abkuppeln und dann mithilfe eines Movers oder der eigenen Muskelkraft an die richtige Stelle bringen. Ein paar helfende Hände, die beim Schieben mit anpacken, finden sich auf Campingplätzen fast immer.) Auf Plätzen mit unebenem Gelände ist es eventuell nötig, unter ein Rad einen Unterlegkeil zu legen. Wenn der Wagen rechts und links gleich hoch steht, kurbeln Sie das Stützrad runter. Ziehen Sie den Stecker aus dem Auto, kuppeln Sie den Wohnwagen vom Auto ab und kurbeln Sie die Stützen herunter. Hierfür sollten Sie keinen Akku-Schrauber verwenden, da die Spindeln nicht für so schnelle Drehungen ausgelegt sind. Wer trotzdem den Schrauber ansetzen möchte, kann sich im Zubehörhandel entsprechende Spindeln besorgen. Als Luxusvariante gibt es auch elektrische Stützen, die auf Knopfdruck bis zum Bodenkontakt ausfahren. Eine automatische Ausrichtung findet allerdings nicht statt.

Eine Wasserwaage auf dem Boden des Wohnwagens, die von einer zweiten Person im Auge behalten wird, zeigt Ihnen ganz genau, wann Sie waagerecht stehen. Der Wagen darf zum Schluss nicht auf den Stützen stehen, das Gewicht muss auf der Achse und damit auf den Rädern liegen. Mit den Stützfüßen sorgen Sie nur dafür, dass er waagerecht steht und nicht kippelt. Die Stützen dürfen Sie nicht so weit herauskurbeln, dass die Räder frei in der Luft hängen, sonst zerstören die Stützen den Unterbau des Wohnwagens, der für solch eine Belastung nicht ausgelegt ist. Unter die Stützen kommen die Brettchen aus Siebdruckplatte oder Kunststoff (es sei denn, Sie haben die AL-KO „big foot"). Stellen Sie zum Schluss den Abwassertank unter den Auslasshahn, schließen Sie den Wagen am Strom an, falls vorhanden, und stellen Sie dann den Kühlschrank auf 230 Volt um. Wenn Sie keinen Strom haben, schalten Sie den Kühlschrank auf Gasbetrieb.

Als Nächstes wird das Vorzelt aufgebaut bzw. die Markise herausgekurbelt und befestigt. Seien Sie dabei vor allem, wenn es windig ist, vorsichtig: Sie wären nicht der Erste, dem das komplette Vorzelt über das Dach geblasen wird. Sichern Sie alles mit zum Boden passenden Heringen, rollen Sie Ihren Teppich aus und stellen Sie Ihre Campingmöbel auf.

Nun kann der der erste Urlaubstag beginnen, aber Achtung! Seien Sie beim ersten Öffnen vor allem des Kühlschranks, der Schränke mit dem Küchengeschirr und des Badezimmerschranks sehr vorsichtig: Irgendetwas wird Ihnen bestimmt entgegenkommen, wenn Sie nicht ausschließlich auf neu geteerten Autobahnen unterwegs waren.

Wenn Sie länger an einem Platz bleiben und Ausflüge mit dem Pkw unternehmen möchten, sollten Sie auch die Aufsatzspiegel abnehmen.

Abwasch und Co.

Auch Eltern haben ein Recht auf Urlaub und Kindern schadet es keinesfalls, sich im Rahmen ihrer Möglichkeiten an den täglich anfallenden Arbeiten wie dem Tischdecken, Abräumen, Abwaschen, Müll-Wegbringen, Badesachen-Aufhängen etc. zu beteiligen. Besprechen Sie vorher zu Hause alle zusammen, wer welche Aufgaben übernimmt. Soll das den ganzen Urlaub über so bleiben, soll zwischendurch getauscht werden? Wenn jeder bei der Einteilung ein Mitsprachrecht hatte, wird es im Urlaubsalltag die wenigsten Probleme geben.

Planen Sie vielleicht auch gleich so, dass es ausreicht, einmal täglich abzuwaschen. Wir hatten immer eine Ortlieb-Faltschüssel (praktisch auch zum Transportieren des schmutzigen Geschirrs zur Campingplatzküche) dabei, in der das Frühstücksgeschirr und das der kleinen Mittags- bzw. Kaffeemahlzeit darauf wartet, abends nach unserer warmen Mahlzeit abgewaschen zu werden. Wenn Sie mittags kochen, sollte der Abwasch daran anschließend erfolgen: Festgetrocknete oder vor sich hin müffelnde Topfinhalte sollten Sie gar nicht erst riskieren.

Wintercamping

Auf die speziellen Anforderungen ans Wintercamping können wir in diesem Ratgeber nicht detailliert eingehen, trotzdem ein paar Tipps: Sie gehören zu der ganz harten Gruppe der Camperinnen und Camper und möchten auch Ihren Skiurlaub in Wohnwagen verbringen? Dann brauchen Sie einen winterfesten Wagen mit besonders guter Heizung und isolierten Frischwasser- und Abwassertanks. In jedem Fall praktisch: ein besonders stabiles Wintervorzelt, in dem Skistiefel und Stöcke sowie Skianzüge „übernachten" können. Isolierhauben über den Dachluken und vor den Fenstern halten die Wärme im Raum. Fürs Bad gibt es Badheizteppiche, die an eine 12-Volt-Steckdose angeschlossen werden.

Vergewissern Sie sich in jedem Fall, ob der angepeilte Platz im Winter überhaupt geöffnet hat!

📖 **Wintercamping in Nordskandinavien** von Dirk Heckmann OutdoorHandbuch Band 453, Conrad Stein Verlag, ISBN 978-3-86686-641-6, € 14,90

Wintercamping ist etwas für die „harten" Camperinnen und Camper (d)

Überwinterung und Frühjahrsinbetriebnahme

Für den Winter müssen Sie Ihren Wohnwagen winterfest machen. Dazu werden zuerst einmal alle Schränke ausgeräumt. Vor allem Essensvorräte sollten auf keinen Fall im Wagen bleiben, wenn Sie im nächsten Urlaub keine tierischen Mitbewohner haben wollen. Den Kühlschrank sollten Sie etwas öffnen, um Schimmelbildung zu vermeiden.

Ihr Bettzeug nehmen Sie ebenfalls mit in die Wohnung. Ideal wäre es auch, wenn Sie die Polster bei sich zu Hause verstauen könnten, das wird aber oft nicht möglich sein. Dann stellen Sie sie im Wohnwagen möglichst aufrecht, sodass sie von allen Seiten belüftet sind. Außerdem sollten Sie einen Raumluftentfeuchter aufstellen. Dieser verhindert, dass die Luft im Wagen allzu feucht wird. Vergessen Sie nicht, das gesammelte Wasser regelmäßig auszuleeren.

Geschirr und Besteck können Sie im Wohnwagen lassen, sofern Sie es nicht im Winter für andere Zwecke gebrauchen wollen. Es sollte natürlich sauber sein! Auch das Vorzelt und der Vorzeltteppich können im Wohnwagen gelagert werden, wenn sie sauber und trocken sind. Ansonsten droht Schimmelgefahr.

Wenn Sie keine Scheune oder regengeschützten Abstellplatz haben, können Sie Ihren Wagen im Winter mit einer Schutzhülle versehen (☞ Zubehör).

Die Wasseranlage benötigt Ihre besondere Aufmerksamkeit! Biofilme und Kalkbeläge haben sich im Sommer in der Trinkwasseranlage gebildet. Wenn Sie gegen Bakterien und schlechten Geschmack nicht immun sind, sollten die Beläge jetzt entfernt, die Anlage entkeimt und entkalkt werden. Wir benutzen dafür z. B. immer die RedBox von Multiman, die alle notwendigen Reinigungs- und Desinfektionsmittel enthält.

Eine jährliche Grundreinigung vor dem Winter ist wichtig. Ist das Fahrzeug der Kälte ausgesetzt, werden die Beläge durch den Frost hart. Fahren Sie dagegen zum Überwintern oder für einen längeren Urlaub in den Süden, wachsen die Beläge weiter. In beiden Fällen erhöht sich im Frühjahr der Aufwand, sie zu entfernen.

Beziehen Sie auch die Toilette mit in die Wintervorbereitungen ein, dann brauchen Sie keine Abstriche bei der Lebensqualität in Ihrem Fahrzeug zu machen. Die Toilette ist in ihrer „Unterwelt" nach der Reisesaison meist in einem schlimmen Zustand! Vor allem Anhänger einer chemiefreien Toilette leiden unter Ablagerungen aus Fäkalien, Urinstein und Papierresten in der Kassette. Diese erzeugen nicht nur strengen Geruch, sondern sind auch unhygienisch. Ein spezieller Toilettenreiniger (z. B. ToilettenClean von Multiman) schafft hier wieder saubere Verhältnisse. Füllen Sie einfach warmes Wasser in die Kassette und lassen Sie den Reiniger 12-24 Stunden einwirken. Danach die Kassette schütteln, entleeren und die Arbeit ist getan.

Als Letztes bleibt noch die Vorbereitung auf das Winterlager oder den Winterbetrieb. Wenn Sie ein frostsicheres Quartier haben, dann ist das Einwintern ganz einfach: Nach der Reinigung der Trinkwasseranlage füllen Sie diese mit Trinkwasser und geben ein chlorhaltiges Mittel wie Chlorosil dazu. Damit vermeiden Sie Wiederverkeimung während der Standzeit. Im Frühjahr entleeren Sie die Anlage und spülen sie gründlich durch, z. B. mit SchlauchRein. So frischen Sie die Anlage auf und entfernen eventuell abgestandenen Geschmack. Schon bei den ersten Sonnenstrahlen kann es wieder losgehen!

Ist Ihr Fahrzeug dem Frost ausgesetzt, gibt es zwei Möglichkeiten, um Schäden zu vermeiden:

❶ Sie entleeren die Trinkwasseranlage und unternehmen sonst nichts. Lassen Sie die Pumpe dabei so lange laufen, bis sie „schnorchelt" und die Leitungen so weit wie möglich leer werden. Lassen Sie die Wasserhähne bei abgeschalteter 12-Volt-Versorgung geöffnet. Bedienen Sie auch die Toilettenspülung, um die Zuleitung zu entleeren. Trotz aller Bemühungen werden bei dieser Methode in Tank, Leitungen, Pumpen und Armaturen aber immer noch Wasserreste verbleiben. Die Bakterien können sich darin bis zum Frosteinbruch vermehren und die Trinkwasseranlage nach dem Auftauen bis zur Inbetriebnahme verkeimen, sodass Sie noch einmal eine gründliche Reinigung vornehmen müssen. Außerdem besteht die Gefahr, dass Kondenswasser in Pumpe und Armaturen einfriert und Schäden anrichtet.

❷ Sicherer ist es, ein spezielles Frostschutzmittel für Trinkwasseranlagen einzusetzen, z. B. certinox FrostSchutz oder FrostEx. Bis ca. -20 °C sind die meisten Mittel frostsicher. Die nach Anleitung angemischte Menge sollte ausreichen, um Boiler und Wasserleitungen zu füllen. Füllen Sie die Mischung in den Tank und pumpen Sie sie in die Leitungen. Das noch verbliebene alte Wasser wird aus Pumpe, Boiler, Leitung, Wasserhahn verdrängt. Geben Sie dann noch etwas Frostschutzmittel in den leeren Abwassertank. Im Frühjahr sollten Sie die Leitungen dann gründlich durchspülen (☞ oben), sonst haben Sie keine weitere Arbeit mehr. Mit der sauberen und hygienischen Trinkwasseranlage können Sie sofort losfahren.

Weiterhin ist es sinnvoll, den Wohnwagen nach der Saison innen sorgfältig zu reinigen und auch außen gründlich von Dreck und Belägen zu befreien. Mit Glycerin (Vaseline) verhindern Sie ein Festfrieren der Dichtungen und halten sie geschmeidig. Wenn Sie eine Batterie haben, sollten Sie daran denken, dass diese regelmäßig geladen werden muss (☞ Die Technik/Die Elektrik).

☺ Die erwähnten Hygiene- und Pflegeprodukte für die Überwinterung erhalten Sie bei der Firma MultiMan (💻 www.multiman.de) oder im gut sortierten Caravanhandel.

Anhang

(d)

Wohnwagenhersteller (Auswahl)

- ▷ **Adria, Reimo Reisemobilcenter GmbH**, Geschäftsbereich Adria Deutschland, Boschring 10, 63329 Egelsbach, ☎ 061 03/40 05-81, ✉ adria@reimo.com, 💻 www.adria-mobil.com

- ▷ **Bürstner GmbH**, Weststraße 33, 77694 Kehl, ☎ 078 51/85-0, ✉ info@buerstner.com, 💻 www.buerstner.com

- ▷ **Başoğlu Caravan San. Tic. A.Ş. (Caretta)**, Adliye Köyü 1520 Sk. No:6/Z1, Arifiye – SAKARYA, ☎ +90 264 319 36 00, ✉ iletisim@basoglucaravan.com.tr, 💻 carettacaravan.eu

- ▷ **Carado GmbH**, Postfach 1140, 88330 Bad Waldsee, ☎ 075 24/999-0, ✉ info@carado.de, 💻 www.carado.de

- ▷ **Dethleffs GmbH & Co. KG**, Arist-Dethleffs-Straße 12, 88316 Isny, ☎ 075 62/987-0, ✉ info@dethleffs.de, 💻 www.dethleffs.de

- ▷ **Fendt-Caravan GmbH**, Gewerbepark Ost 26, 86690 Mertingen, ☎ 090 78/96 88-0, ✉ post@fendt-caravan.de, 💻 www.fendt-caravan.com

- ▷ **Hobby-Wohnwagenwerk**, Harald-Striewski-Straße 15, 24787 Fockbek/Rendsburg, ☎ 043 31/606-0, 💻 www.hobby-caravan.de

- ▷ **Hymer/Eriba**, HYMER AG, Holzstraße 19, 88339 Bad Waldsee, ☎ 075 24/999-106, ✉ info@hymer.com, 💻 www.hymer.ag

- ▷ **KABE AB**, Box 14, Jönköpingsvägen 21, 560 27 Tenhult, Schweden, ✉ kabe@kabe.se, 💻 www.kabe.se

- ▷ **Kip Caravan BV (u. a. Shelter)**, A.G., Bellstraat 4, 7903 AD Hoogeveen, Niederlande, ✉ info@kipcaravans.nl, 💻 www.kipcaravans.nl

- ▷ **Knaus (Tabbert) GmbH**, Helmut-Knaus-Str. 1, 94118 Jandelsbrunn, ☎ 085 83/21-1, ✉ info@knaustabbert.de, 💻 www.knaus.de

Kulba mit Vorzelt (Kulba)

▷ **Kulba**, 8 Amulas Str., Riga, LV-1002, Lettland,
Kontakt in Deutschland: Ingo Host, ☏ 03 91/251 52 74, 01 72/387 81 17,
✉ office@kulba.lv, 💻 kulba.lv

▷ **LMC Caravan GmbH & Co. KG**, Rudolf-Diesel-Str. 4, 48336 Sassenberg,
☏ 025 83/27-0, ✉ info@lmc-caravan.de, 💻 www.lmc-caravan.de

▷ **Niewiadow**, Verkäufer Deutschland: Małgorzata Majda, ☏ 00 48/44/719 20 00,
(Durchwahl: 434), ✉ m.majda@niewiadow.pl, 💻 www.niewiadow.pl

▷ **Sterckeman**, Koch Freizeit-Fahrzeuge Vertriebs GmbH, Steinbrückstr. 15,
255524 Itzehoe, ☏ 048 21/680 50, ✉ info@koch-freizeit-fahrzeuge.de,
💻 www.sterckeman.de

▷ **Sunlight GmbH**, Arist-Dethleffs-Straße 12, 88316 Isny, ☏ 075 62/987-833,
✉ info@sunlight-caravaning.de, 💻 www.sunlight-caravaning.de

▷ **(Knaus) Tabbert GmbH**, Helmut-Knaus-Str. 1, 94118 Jandelsbrunn, ☏ 085 83/21-1, ✍ info@knaustabbert.de, 💻 www.tabbert.de

▷ **Weinsberg**, Helmut-Knaus-Straße 1, 94118 Jandelsbrunn, ☏ 085 83/21-1, ✍ info@knaustabbert.de, 💻 www.weinsberg.com

▷ **Wilk**, Helmut-Knaus-Straße 1, 94118 Jandelsbrunn, ☏ 085 83/21-1, ✍ info@knaustabbert.de, 💻 www.wilk.de

Wie Sie an diversen identischen Anschriften erkennen können, haben sich die Hersteller zum Teil aufgekauft, zum Teil auch zusammengeschlossen.

Versandhäuser/Händler für Campingzubehör

▷ **Fritz Berger**. Über 100 Läden in ganz Deutschland, die Standorte mit Übersichtskarte finden Sie auf der Internetseite unter dem Stichwort „Shopfinder“. Onlinekauf ist ebenfalls möglich.

💻 www.fritz-berger.de

▷ **Camping-Profi**. Auf der Internetseite finden Sie einen Katalog zum Blättern, bestellen können Sie dann online direkt beim Vertragshändler Ihrer Wahl. Die Liste der Händler findet sich auch auf der Seite.

💻 www.camping-profi.de

▷ **Frankana**. Eine Händlerliste gibt es auf der Internetseite, sortiert nach Postleitzahlen – so finden Sie auch den für Sie am günstigsten gelegenen. Geliefert wird grundsätzlich vom Händler direkt.

💻 www.frankana.de

▷ **Freizeitwelt**. Onlineshop, liefert direkt. Es gibt aber auch eine nach Postleitzahlen geordnete Liste mit dem Vertragshandel (Partner).

💻 www.freizeitwelt.de

▷ **Movera**. Auch hier finden Sie den Vertragshandel auf der Internetseite (unter dem Menüpunkt „Handelspartner vor Ort finden“), sortiert nach Postleitzahlen.

💻 www.movera.com

(d)

▷ **Reimo**. Internetshop, geliefert wird ab Reimo, Handelrsuche über die Website ebenfalls möglich.

www.reimo.com

▷ **Obelink**, Großes Geschäft in den Niederlanden, alles was das Camperherz begehrt, Onlineshop mit Versand auch nach Deutschland.

www.obelink.de

Ausrüstungshandel

▷ **Globetrotter**, Wiesendamm 1, 22305 Hamburg, ☎ 040/29 12 23,
www.globetrotter.de, shop-hamburg@globetrotter.de
Es gibt 16 weitere Filialen, alle Anschriften stehen auf der Internetseite.

- **Relags**, 💻 www.relags.de. Eigentlich ist Relags ein Großhändler für den Ausrüstungshandel, es gibt aber auch einen Onlineshop für Endverbraucher.

- **McTrek**, ☎ 061 81/95 26 30, 💻 www.mctrek.de. Es gibt über 30 Filialen in ganz Deutschland, die Adressen finden Sie auf der Internetseite.

Zeitschriften und nützliche Internetadressen

- **Caravaning**, monatlich erscheinendes Magazin,
  💻 www.caravaning.de/

- **Camping und Reise**, viermal jährlich erscheinendes Magazin,
  💻 www.camping-und-reise.de

- **Camping**, Zeitschrift des DCC

- **Camping, Cars & Caravans**, monatlich erscheinendes Magazin,
  💻 www.camping-cars-caravans.de

- **Clever Campen**, fünfmal jährlich erscheinendes Magazin,
  💻 www.clever-campen.de/

- **www.truckscout24.de**, Internet-Wohnwagenmarkt

- **www.caraworld.de**, Internet-Wohnwagenmarkt

- **www.mobile.de**, Internet-Wohnwagenmarkt

- **www.camping.info**, Campingplatzfinder für Europa (über 24.000 Campingplätze werden vorgestellt) mit Bewertungen

- **www.pincamp.de**, Campingplatzfinder des ADAC mit Bewertungen, auch viele Tipps für Wohnwagennutzerinnen und -nutzer

- **www.camping.de**, Vorstellung von über 54.000 Campingplätzen weltweit, mit Karten, vielen Fotos von Nutzerinnen und -nutzern und Bewertungen

- ▷ **www.campingplatz.de**, ebenfalls ein Platzverzeichnis für europäische Plätze, mit Bewertungen, zum Teil mit Karten (leider auch viel Werbung)
- ▷ **www.camping-club.de**, Internetseite des Deutschen Camping-Clubs mit vielen Infos rund ums Campen
- ▷ **www.campen.de**, Forum für Camperinnen und Camper

(d)

Index

H/I

K

L

M

P

Q/R

S

T

U

V